JN208197

スッキリ！がってん！ ニュートリノの本

遠藤　友樹・関谷　洋之 [著]

電気書院

はじめに

「ニュートリノ」と聞いて，皆さんはどんな印象をもつだろうか．

2015年10月8日，非常に嬉しいニュースが日本に伝わった．梶田隆章博士がノーベル賞受賞．ノーベル賞を日本人がとるのがあたり前になってきているが，非常に嬉しいことで，こういったニュースは日本がとても明るくなる．

受賞理由に「ニュートリノ振動」という単語が入っていた．この単語を見て「あ，あのことか」とすぐにわかる人は，専門家やその分野の大学院生くらいしかいないだろう．いわゆる一般の人が見て，何のことかピンとくる，ということはなかなか難しい内容だろう．あるとすれば，少なからず興味をもって，なおかつ関係する本などをそれなりに読み込んでいる人だ．しかし，「ノーベル賞」というものは，日本人であれば大抵の人は知っている．世界的にも非常に著名な賞であり，内容の詳細はわからないけど，とても凄いことをした人に与えられるもの，と認知されていることは間違いない．

「ニュートリノ振動」はその受賞理由として入っている単語であ

り，何のことかわからないにしても，キーワードとして入っていれば それが物理学にとって重要で大変な偉業を成し遂げたものであると 一般の人にも感じられるだろう．おそらく，こういったニュースを 見て物理学へ興味をもつ若い人たちも多いと思われる．きっとこの 本を手にとった方々も，程度の差はあれ，少なくとも興味をもって いるはずだ．

　この本は入門の中の入門となるよう，ニュートリノを専門として いない著者が中心となって，なるべく前提知識なしでもわかるよう 意図して書いた．数式は極力避け，図やイメージなどを優先するよ うにした．このため，専門家が見れば御笑覧頂く部分も多々あるか と思われるが，一方でそれが読者への適度な橋渡しになり，物理学 の「敷居の高さ」を多少なりとも緩和させることに役立っているので はないかと期待している．一方で，なるべく正確にニュートリノ研 究の最先端とその面白さを伝えることも意図している．この本を読 み進めてみて興味が沸いてきたら，是非とも他の本に取り掛かって いただきたい．

　中学生や高校生などであれば，そうした興味から，ゆくゆくは梶 田博士のように将来ノーベル賞をとるほどの科学者になる人が出て くるかもしれない．もしもこの本がキッカケになって，そのような 科学者が将来出てきたとしたら望外の喜びである．著者の1人であ る遠藤が物理学をやりたいな，と思い始めたのも，少年の頃に科学 系の雑誌を見ていたことが少なからず影響している．人生を決める 「キッカケ」というのはそんなものかもしれない．将来「この本を読 みました」という若い研究者に出会えることを期待している．

2019年11月　著者記す

目　次

① ニュートリノってなあに

② ニュートリノの基礎

3　ニュートリノの応用

① ニュートリノってなあに

1.1 ニュートリノ？

　わからないことが出てきたときに，現代では多くの人がインターネットで検索する．「取りあえずネットで．」そんな言葉があたり前な様に使われる時代になった．実際，検索サイトで「ニュートリノ」と入力してみると，単語予測機能がはたらいて実にいろいろな言葉を多くの人が検索していることがわかる．その検索結果に出てくるいろいろなページをふと見てみると，「お化け粒子」「幽霊粒子」なんて言葉も出てくる．物理学なのにお化けなんて？と不思議に思う人もいるに違いない．その正体も知りたいと思うだろう．ちなみに，「ニュートリノ」という単語には「お化け」という意味はないが，そんな「お化け」という名前をもった粒子も物理学の中には出てくる．将来，物理学のこの分野に進んだ人はいずれそれに出会う時が来るだろう．そのとき，ちょっとこの本のことを思い出してもらえると嬉しいものである．

　ところで，このニュートリノは「素粒子」と呼ばれる非常に小さい「粒」の1つであるということは，インターネットや本などいろいろなところに載っている．ではこの「素粒子」というのは一体どんなものだろうか？　辞書などでは「すべての物をつくっている基本物質」なんて説明を見たりするだろう．そしてもう少し調べてみれば，そんなものが世の中に溢れているとか，ほぼ光の速度で飛んできてい

るとか，粒（つぶ）といっているが実は全部「波」であるとか，発生したり消えたりしているとかも出てくる．「普通の物質は光の速度で動くことはできない」ということを聞いたことがある人もいるのではないだろうか．なのに，ほぼ光速で飛ぶことができるなど，不思議に思うだろう．また，素粒子は何種類かあるなど，すべてのものをつくる基本なのに，どうして何種類もあるのか？と疑問にもつ人も多いだろう．そしてこの本のタイトルでもあるニュートリノについては，数え切れないくらいの粒子が毎秒宇宙から降り注いでて，私たちの体を何個も貫いているとも載っている．本当に不思議なことだらけである．

　そして，もう少し調べてみると，ニュートリノがあることで，実は私たち人間もでき，はては地球や宇宙もできた，と出てくるだろう．それを聞くとどんな印象をもつだろうか？　先に結論をいうと，実はこれらのことは本当の話である．ニュートリノがあることで，この自然界ができているのだ．いや，より正確にいうならば「できてきた」のだ．私たちやこの地球・宇宙にかけがえのないものと聞くと，有り難みが出てきてニュートリノ様，とでもいいたいところだが，一体その事情はどんなことなのだろうか？　そして，ニュートリノの「振動」が見つかったことが，一体なぜノーベル賞なのか？それをごく簡単に見ていこう．

1.2　電荷もない，質量も「ない」

　ニュートリノというのは，もともと「そんな粒子がいたらこれが説明できる」として今から100年くらい前に物理学者パウリ博士によって提案された（図1・1）．しかし，それは中性（プラスやマイナスの電荷をもたないこと）で質量ゼロ（あっても非常に軽い）粒子であるとさ

図1・1　パウリ博士のイラスト

れた．ここで非常に軽いという言葉を入れたが，この非常に軽いというのは，「ほぼゼロ」くらいの意味であることに注意してほしい．そうした粒子を想定しなければならなかった背景があるのだが，この分野に興味がある人のなかには，そんなものどうやって見つけるんだ，ということになるだろう．確かに，ニュートリノを見つけるのは大変だった．

　皆さんも，電気をもっているものが見つけやすいというのもわかると思う．また，重い物は見つけやすいというのもよくわかると思う．

　では，軽くて電気を帯びていないものって見つけづらいのか？と思う人のために，例えば，「空気」は見つけやすいか？を考えてほしい．軽くて，電気ももっていない…もちろん自分の周りにあることはよく知っているし，ほとんどが窒素（約78 %）で酸素が少なめ（約21 %）にあり，二酸化炭素などのその他の気体がほんの少しずつ（約1 %）混ざっている…なんて知識も多くの人がもっているだろう．だけど，どうしたら「これが酸素」「これが窒素」とわかるだろ

うか？　そして空気の中には，酸素だけでなく二酸化炭素や他の物質も混ざっている．それらを識別するには，きちんとした実験をして測定しなければわからないことは想像できると思う．既に周りにあって害もなく，存在があたり前のものほど見つけるのは難しいものである．なくなったときに初めてその有り難みがわかる，とよくいわれるが，ニュートリノもまさにその通りで，これがないと様々な物理現象が説明できなかったのである．

　電気を帯びたもの…例えば，静電気などは日常でも体感できるのでわかりやすい．冬，乾燥しているときにセーターを脱いだりすると発生するあのパチパチだ．普段の生活では非常に厄介なやつだが，実はそのパチパチによってはっきりと「存在する」ことがわかるものでもある．

　そう，電気を帯びていると見つけやすいというのは，素粒子などの世界でも同じなのだ．また，重いものほどその運動方向が変わったときなどがわかりやすいというのも想像しやすいだろう．つまり，質量が大きいものも見つけやすいということができる．以上のことを踏まえると，それらとは逆の状況，つまり，非常に軽くて（ほぼゼロで）電気ももっていないものは「見つけにくい」というのも想像できるのではないだろうか．一般的に素粒子というのは非常に小さいものだが，その中でもニュートリノは非常に軽い（当初はゼロとされたくらい）ものである．質量がなくて電気ももっていない，そんなものを「つかまえる」のがいかに難しいかは想像できると思う．

　しかし，パウリ博士が提唱した，こんな粒子がないと説明できない，というのは，物理学では非常によく使われる手法である．とても有名なのが，日本人として初めてノーベル賞を受賞した湯川秀樹博士による「中間子論」だ（図1・2）．これも，「こんな粒子がいない

図 1・2　湯川博士のイラスト

と説明できない」ということで導入され，そしてその粒子が本当にあったのだ（π中間子もしくはπ粒子という）．まだ見つかってもいないものを「あるはずだ！」というのは非常に勇気がいる．もちろん勇気だけで述べたわけではなく，長年の研究によってその存在を確信したという地盤が必要であることはいうまでもない．

　ニュートリノについても，そんな粒子がいればと仮定されたのである．そんなニュートリノだが，物理学がこれまで実験で確かめている素粒子の「標準理論」というものでは，質量がゼロということになっていた．この「標準理論」とは何かというと，簡単にいえば素粒子の「分類表」みたいなものだと思ってほしい．この粒子はこれくらいの質量で，電荷はプラス（またはマイナス，ゼロ）で，こういった力に反応する，こういった力を生じさせる，などその他の特徴などが載っている分類表みたいなものだ．教科書ともいえる．

　この「その他の特徴」というのは高度な分類項目のことで，大学の物理学科でも高学年の専門科目で出てくるか，あるいは大学院で学

ぶくらいの内容なので，この本のレベルを逸脱してしまうから詳細
は割愛するが，1つだけ紹介しておくと，「スピン」というちょっと
変わった分類がある．このスピンは理解するのは難しいが，イメー
ジは比較的容易なので簡単に紹介すると，名前の通り「粒子の回転」
を意味していると思ってもらってよい．なぜ回転が分類なのか？と
思う人も多いだろう．後ほどまた触れるが，ボールがクルクルと回
るときに，右回りか左回りかの区別ができることは想像しやすいと
思う．ボールが回っているという現象は単純で，1通りしかないよ
うに思われるが，よく考えてみると，左回り・右回りの違いがある
だろう（図1・3）．その回転の仕方の違いが，実は粒子にとってみる
と非常に重要な分類になる．さらにいえば，この右回りと左回り，
「見る人」によって変わってくるのである．例えば，粒子（ボールのイ
メージで可）を後ろから見て，左回りだったとする．その粒子を追い
越して，粒子の前方に出たとしよう．するとその粒子を今度は前方
から見ると，右回りに見える．この見え方がキーポイントになる．
粒子の回転が見る人によって左右が替わるのは不思議に思えるかも
しれないが，この見え方が非常に重要である．その重要なことの
1つとして，一例を挙げると，「追い越す」と書いたが，もし粒子が

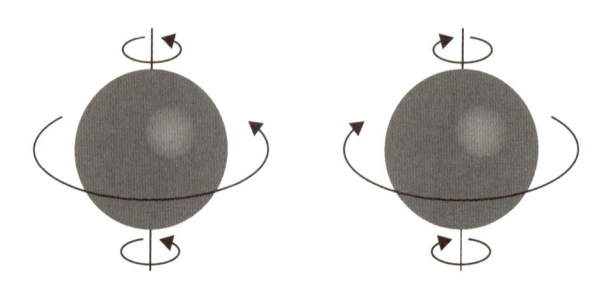

図1・3　ボールの右回り・左回り

光の速度で飛んでいるとすればどうなるであろうか．光の速度より速いものはない，とどこかで聞いたことがある人も多いだろう．そう，光の速さで進むものは追い越せない．つまり，左回転を右回転で見ることはどんなに頑張ってもできない．したがって，回転の仕方は1つとなる．これが粒子の回転を特徴づけるものの1つである．

　話が少しずれてしまったが，上記したようにこの標準理論でニュートリノは質量ゼロ＝質量なしということになっていた．それで多くのことが説明できたのである．この標準理論は，これまでの物理学の中で最も成功を収めている理論だといわれている．これに矛盾する現象がほとんどなかったのである．矛盾するどころか，未知の粒子も次々と予言し，それがことごとく発見されたのである．

　ただし，多くのことが説明できたといっても，すべての説明が上手くいった訳ではない．実は物理学にはまだ完璧な理論が存在していない．より多くのことを上手く説明できる理論はあるが（その最たるものがこの標準理論），何もかもすべてを矛盾なく説明できる理論というのはないのである．こういうとちょっと意外に思われる人もいるかもしれない．しかし，現実はそうなのである．これまでニュートンやアインシュタイン博士などが難しい物理学をつくりあげてきたことは，物理を専門としない人たちでも知っていることだろう．宇宙のはるか彼方のことが観測されたとか，実際に人間が宇宙へ行ったというニュースなどを見ていると，物理学は自然の多くのことを「解明」していると思われてもおかしくいないだろう．しかし，実際はまだまだわからないことだらけなのである．すべてを説明できる理論というのはなかなか手に入れられるものではない．第一，すべてを説明できる理論を私たち人類が手に入れていたら，多くの物理学者が職を失っているはずだろう．現実は今でも物理学者は多くの

人が研究職に就いて，一生懸命いろいろな研究をして自然の謎を解こうとしている．ということは，すべてを説明できる理論がまだないということでもある．ちなみにこのすべてを説明できる理論は英語で"Theory of Everything"という．直訳すると「すべての理論」だ．なんとも凄い響きだと思う．世の中の森羅万象を司る理論ということだ．そのような理論ができる日はいつか来るのだろうか…？

　個人的な思いになるが，できれば来て欲しくない（笑）．というのは，上述したが，それができれば物理学者の多くは仕事を変える必要があるからだ．

　職というちょっと味気ない現実的な話になってしまった．夢のある話に戻ると，このすべてを説明できる理論は，あるのか，ないのか，あなたはどう思うだろうか．そしてあるとしたら，人類はそれを手に入れることができるのだろうか．手にいれられるなら，いつになるだろうか．これは壮大な話でもあるが，夢のある話ではないだろうか．いずれにしても，若い皆さんに掛かっていることは間違いない．

　さて，「ニュートリノ振動」というのは端的にいうと，質量ゼロでは起こり得ない現象なのだ．ニュートリノにも種類があり，それは基本的に入れ替わることはないはずだった．しかし，質量があると入れ替わることがある．標準理論はニュートリノの質量をゼロとしていた．つまり，ニュートリノの種類は入れ替わることはない，としていたのである．

　そしてニュートリノ振動が観測された…ということは，ニュートリノの質量はゼロではなかったということを表していることだ．「ニュートリノ振動」というのは，質量がゼロでは起こることがなく，質量があるからこそ起こる現象である．ということは，先に紹介し

た「標準理論」は修正を受けなければならない，ということになる．これまで，最も成功してきた物理学の理論が修正を受けなければならない…これが凄いことの1つの理由だ．「ニュートリノ振動」は大成功を収めていた標準理論に，修正を突きつけた実験結果であり，その偉大さがわかるだろう．

皆さんの中には教科書の間違いを見つけたことがある人もいるのではないだろうか．ミスプリントなどは意外とあるだろうが，そうではなく，内容としての誤り（例えば，数学の計算の間違いなど）を見つけたことがある人もいるかもしれない．発見したときは，きっと衝撃を受けたのではないだろうか．教科書というのは「誤りのないもの」と認識されている典型的なもので，よもや間違いなんて…と思われているものである．教科書に誤りがあると，時折ニュースにもなったりする．それくらいの「お手本」なのである．

いうなれば，この標準理論というのは素粒子の世界における教科書のようなものである．物理学において，教科書の中の教科書といってもよい．それくらい大成功を収めてきた最先端の理論であったのだ．つまり，このニュートリノ振動がその「教科書の中の教科書」の間違いを指摘したのだ．ただ，このニュートリノ振動が標準理論に突きつけた観測事実の衝撃は，単なる教科書の間違いの発見どころではなく，とてつもなく凄いことと思ってほしい．ニュートリノは「物理学を覆す」とまでいわれている．それくらいの衝撃なのである．ここまで表現すると，ノーベル賞を受賞されるくらいの観測結果だったのだな，と受け取ってもらえるだろうか．

もちろん，「覆す」とはいっても，これまでの物理学（つまり標準理論）を「否定する」ものではない．ちょっと難しい表現になるが，「これまでの物理学は近似的によく成り立っているが，その背景により

高度な物理学があることを示している」ということである．そして物理学者たちは，この「より高度な物理学」に早くも取り掛かっている．それがどんなものなのかはまだわからないが，まさに知的好奇心や研究心を掻き立てられるものといってよいだろう．標準理論を超える物理学を自らの手で探り当てることができたら，それはとてつもない喜びである．

1.3　とても小さな世界

　ニュートリノは「素粒子」と呼ばれているとても小さな「粒（つぶ）」の一種だ．この「とても小さい」というのは，日常の感覚でいうところの「小さい」というものではなく，とんでもなく小さい，ということだ．

　「原子」や「分子」という言葉を聞いたことがある読者も多いだろう．中学校の理科で習うものである．この本を手に取るあなたなら，「そんなことは知っている」と思うかもしれない．そしてこれらがとても小さいものであることも，知っていると思う．ただしこのとんでもなく「小さい」という感覚は，小学校や中学校の理科の実験で使った顕微鏡（光学顕微鏡という）で見える，といった程度のものではない．原子や分子を見るには，電子顕微鏡というとても特殊な装置を使って，ようやくその姿が見えてくるというものだ．原子や分子は，オングストローム（Å）という単位の世界で表現される．ミクロの世界という言葉は聞いたことがあるのではないだろうか．このミクロというのはマイクロメートル（μm）のことで，ミリメートルの千分の1のことである．そしてさらにナノという単位を知っている人も多いだろう．ナノはマイクロよりもさらに千分の1小さい単位だ．そしてこのオングストロームはナノ（nm）の10分の1．本当に小さい世界ということが感じられるだろうか．千分の1ということ

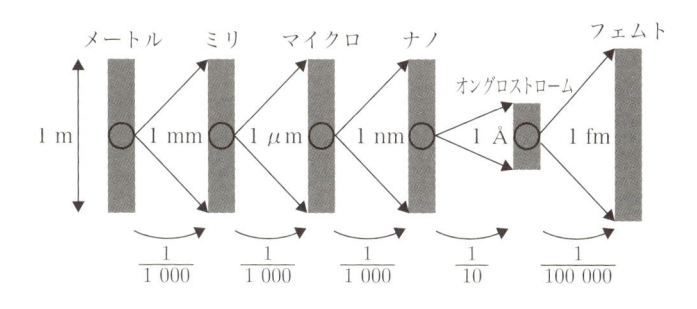

図1・4　長さの単位の比較

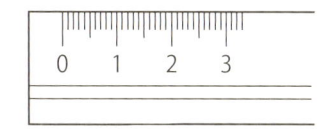

図1・5　定規

は，3桁小さいことになる．つまり，オングストロームは，マイクロの1万分の1ということになり，ミリメートルの1千万分の1ということになる（図1・4）．

そしてニュートリノが関わってくるのが，原子核のサイズだ．原子核のサイズは学校で習った読者もいるかもしれないが，フェムトメートル（10^{-15} m ＝ 10^{-13} cm）の世界だ．これはオングストローム（Å）の10万分の1のサイズということになる．非常に小さいというÅよりもさらに桁違いに小さい世界．これは想像を超えるほど小さいと思ってほしい．

　試しに，皆さんがもっている定規を見てほしい．ペンケースに入っているのは15 cmくらいのものが多いだろう（図1・5）．そのメモリ

をじっと見てみよう．人間に身近な長さである1 cmは肉眼でも見える．その10分の1は1 mm．これも見えると思う．では，1 mmの10分の1，つまり0.1 mmはどうだろうか？　そんなメモリがふってある定規はなかなかないと思う．人間の髪の毛は個人差にもよるが，だいたい0.1 mmくらいといわれている．つまり0.1 mmは髪の毛のサイズといえる．私たちは髪の毛を一本一本見るとき，非常に注意深くして見る．中高年の方はピンセットなどで白髪を抜いたりしたことがある人も多いだろう．つまり，0.1 mmというのは，それくらい苦労する「スケール」なのである．では髪の毛よりも小さいものを見るとすると…肉眼で見ることはかなり難しくなることは想像できると思う．

　では，その0.1 mmをさらに10分の1にするとどうだろうか．ちょっと注意をしておくが，これは髪の毛の「太さ」をさらに10分の1にするということである（図1・6）．髪の毛の長さを10等分する（10個の等しい長さに切る），ということではない．少し髪が長い人だと，自分の髪の毛が視界に入る人もいるだろう．または普段使って

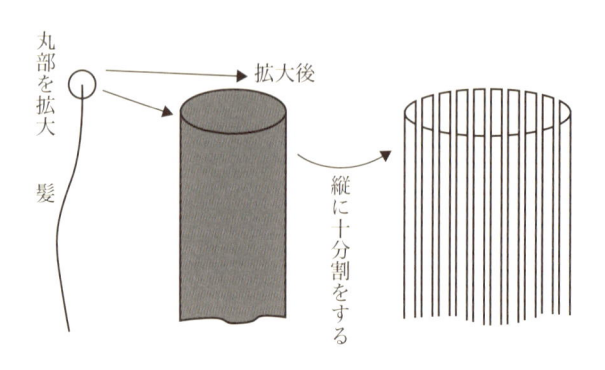

図1・6　髪の毛を10分の1にする

いるクシをみれば何本かクシに残っていると思う．その髪の毛を手にとって，その「太さ」を10分の1にすることを考えてほしい．もう肉眼ではまず無理ということが容易に想像できるだろう．

　ナノメートルは，10^{-9} m だから 10^{-7} cm となる．つまり 1 cm を10分の1にして，それをさらに10分の1にして…という操作を7回することに対応する．オングストローム（Å）はこの操作を8回繰り返すということだ．フェムトメートルはというと，それをさらに5回，つまり13回繰り返すということになる．もう想像を絶すると思う．中には数回くらいならできるんじゃないか？と思う人もいるかもしれない．そんな人は先にも述べた髪の毛（0.1 mm）の「太さ」を10分の1に切ってみるとよい．まず普通の人はできないことがわかる．それをさらに何回も繰り返していくのである．顕微鏡や特殊なナイフや機械を使えばできるんじゃないか，と思う人もいるかもしれないが，それも無理である．なぜなら，マイクロメールくらいまでは熟練の職人さんなどであれば，もしかしたらできるかもしれないが，ナノの世界にいくとまず無理である．なぜなら，ナイフや機械自体をつくっている原子や分子のサイズになってしまうからだ．原子で原子を切れるのだろうか？　そして，フェムトメートルはそれをさらに細かくするということである．それくらい小さい世界だ．

　これは「指数」というものの恐さでもある．10の何乗とかいう表現でいわれる，「肩に乗っている数字」である．何乗というのは，本当に凄いという感覚をもってほしい．いわゆる「桁違い」ということであるが，この感覚をしっかりもつのも理系の人の大切なことである．この指数は，おそらく中学校で習っている内容である．例えば，3乗として「10^3」を考えてみよう．これは他でもなく10を3回掛けることである．しかし慣れていないと，この10を3回掛けると

いう計算を「30倍すること」と勘違いしてしまう初学者も多い．10を掛けるのは確かに3回であるが，これは1 000倍することである．30倍でも確かに大きくすることであるが，1 000倍というのはそれこそ桁はずれに大きな差であることは明らかだろう．では，4乗ならどうなるか．1万倍である．5乗なら？6乗なら？としていくと，「乗」というのは，1つ違うだけで「桁が違う」ということを意味していることに気づくだろう．上記したように「ケタチガイ」とは「並はずれて凄い」という意味だと把握してほしい．乗数は1つ違うだけで「桁違い」なのである．2つ違ったら2桁，3つ違ったら3桁．これが10も違ったら10桁違うということになる．この指数の感覚を忘れないでほしい．また，これと対応して対数というものがある．指数の親戚みたいなものだが，これも結構勘違いしてしまう初学者が多い．既習している読者はわかってもらえると思うが，これから学ぶ読者はいずれ勉強するときに注意しよう．

　皆さんは小学校や中学校，高校などで100 mをよく走ったと思う．近年，日本人がついに10秒を切ったという記録が出たと話題となった．「メートル」は私たちにとって身近な長さの単位の1つである．あまり書くことはないが，この100 mは10^5 mmという形にも書ける．ここに10の5乗が出てきた．上述したオングストロームとフェムトメートルとの差である．つまり10万分の1というのは，100 m走のトラックのどこかにある1 mmのもの，ということになる．原子（オングストローム（Å））から見れば，原子核（フェムトメートル）は100 mのトラックの中にある，ほんのポツンとした1 mmの粒ということだ（図1・7）．それだけでもどれくらい小さいかが想像できると思う．

　オングストローム（Å）ですら非常に小さいのに，そのさらに小さ

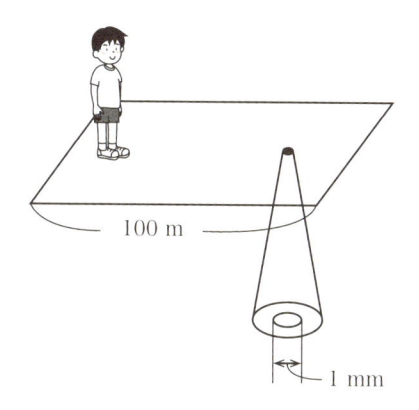

100 m

1 mm

図1・7　100 m のなかの 1 mm の粒

い世界を私達は考える必要がある．オングストローム（Å）を 100 m と例えたが，私達人間のサイズ（1メートル）を同じスケールとして合わせると，フェムトメートル（10^{-15}m）が 1 mm（＝10^{-3}m）なら 1 m は 10^{12} m ＝ 10^9 km に対応する．つまり 10 億 km だ．地球と太陽の距離が約 1 億 5000 万 km だから，もっと広いということになる．太陽と木星が約 8 億 km，太陽と土星が約 14 億 km だから，それくらいの大きさになる．人間のスケール（1メートル）からみた原子核（1フェムトメートル）は，例えるなら太陽と木星の間にある 1 mm の粒，ということになる（図1・8）．いかに小さいものか想像できるだろうか．ただし，この小さな粒は決して無視できない．というのも，原子の質量のほとんどはこのフェムトメートルサイズの原子核が担っているからである．この小さなサイズの中に，質量のほぼすべてが詰まっている．自然界というのはどうしてこのような風にできたのか，実に不思議である．

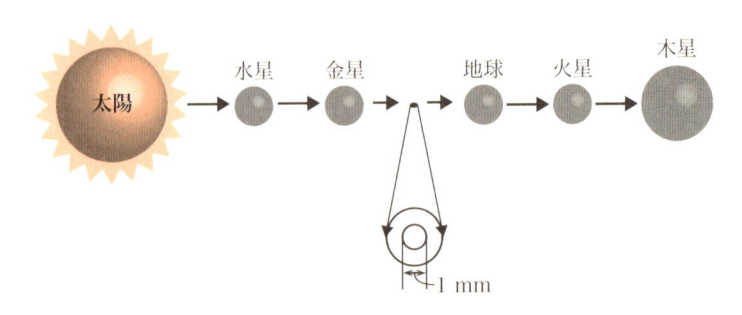

図 1・8　太陽と木星のあいだにある 1 mm の粒

1.4　小さな世界で起きていること

　この小さい世界では，粒子たちがいろいろな物理現象を繰り返している．ゴツンとぶつかったりするのは想像にたやすいが，ちょっと不思議なこととして，別の粒子を放ったり，受け取ったりもしている．突然何かのボールみたいなものを相手に投げ，相手はこれを受け取って吸収したりする．これだけでも不思議なことであるが，しかし，この小さい世界でもっとも奇妙なのは，粒子が発生したり消滅したりすることだ．そう，この小さい世界では，粒子がふっと「消えたり」，ぽっと「出てきたり」，そんなことが起きている．

　ちょっと信じられないかもしれないが，もちろん，本当に何もないところから粒子が発生したり，消滅しても何も残らない，ということはない．この現象にもしっかりと法則がある．それはエネルギー保存の法則という．どこかで聞いたことがある人も多いだろう．この法則に従ってそんなことが起きている．つまり，「エネルギー」があれば粒子が発生し，粒子が消滅しても「エネルギー」が残る（図 1・9）．

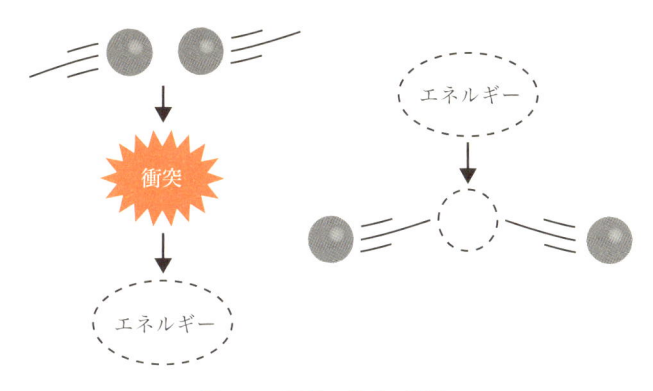

図1・9 粒子の生成・消滅

そうはいっても，物体がエネルギーになってしまうのは不思議に思うだろう，だが，そうしたことが起きているのだ．

　それを保証しているのが「相対性理論」というものである．「相対性理論」という言葉はきっと聞いたことがある人も多いはず．アインシュタインという名前も非常によく知られている．おそらく天才の代名詞みたいになっているのではないだろうか．今からおよそ100年前にアインシュタイン博士によって提案された（図1・10），物理学の中でも特に難解な理論として知られている．実はこの相対性理論というのは，特殊相対性理論と一般相対性理論があり（大きく分けて2つある！），今なお発展している物理学の理論だ（まだ完成していないのである！）．主に宇宙などに使われるのが一般相対論であるが，小さな世界では特殊相対論が主に活躍する．というか，特殊相対論なしではこの小さな世界（高エネルギーの世界）は扱えなくなるのである．相対性理論は非常に面白い物理学で，その中に質量とエネルギーが等価であるという原理がある．そう，実は質量というのはエネルギーになることができ，同様に，エネルギーは質量になることができる，

図1・10　アインシュタイン博士のイラスト

ということを示しているのだ.

　そんなものは私たちの日常と関係ない，とは思わないでいただきたい．というのも，実は私たちの生活に必須で身近な「太陽」はそれをしているからだ．太陽の莫大なエネルギーと光は，太陽の中で起こっている反応（核融合反応という）の過程で，質量のごく一部がエネルギーになってつくられている．この「ごく一部」が大事で，わずかな質量がとてつもなく大きなエネルギーを出すということを知っておいてもらいたい．

　質量というと身近で，キッチンにあるようなばねはかりを想像する人も多いだろう．そしてエネルギーというと，運動エネルギーや電気エネルギーなどを想像する人も多いだろう．高校で物理を習った人は，運動エネルギーを表す式に質量が入っているのを覚えている人もいるだろう．しかし，ここでいう質量とエネルギーの等価性というのは，それとはイメージが大きく違う．質量そのものがエネルギーになる，ということだ．質量がエネルギーに化けると，もの

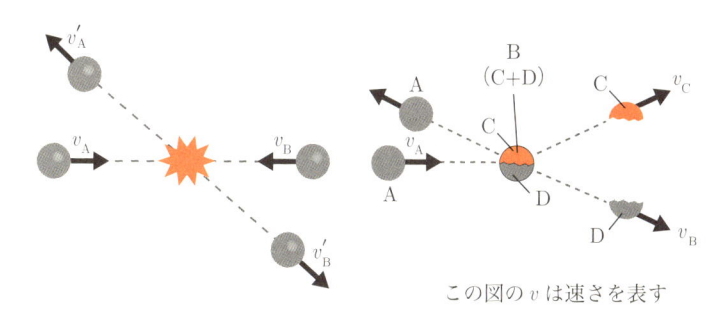

この図の v は速さを表す

図1・11 衝突と分裂

すごく大きな量となることを知ってもらいたい.

　高校物理で運動エネルギーを習うのだが, その際に質量は変化しないことは大前提として使われている. つまり, 物体Aと物体Bが衝突して…とあっても, 両者の質量は変化しないことが当然になっていた. また, その衝突の際に, 分裂が起きたとしても, 質量の和は変わらないということも大前提として使われている. 物体Aと物体Bが衝突して物体C, 物体D, となった…とあっても, 衝突の前後での質量は変わっていないことが大前提であった (図1・11).

　しかし, 相対性理論での質量は必ずしも一定ではない. むしろ, 反応の前後で, その質量の和が「変化」するのである. にわかには信じがたいことかも知れないが, 実際にそのようなことが太陽の中で起きているのである. ごく簡単に紹介すると, 太陽の中では水素4つが集まってヘリウムができている. この水素4つと, それからできたヘリウムの質量は一致せず, ごくわずかに差がある. 質量のままであればごくわずかなので, 初等的な物理では無視することもあるだろう. しかし, エネルギーとなるとその量は莫大なものとなる. この質量差がエネルギーとなって放射され, 太陽エネルギーと

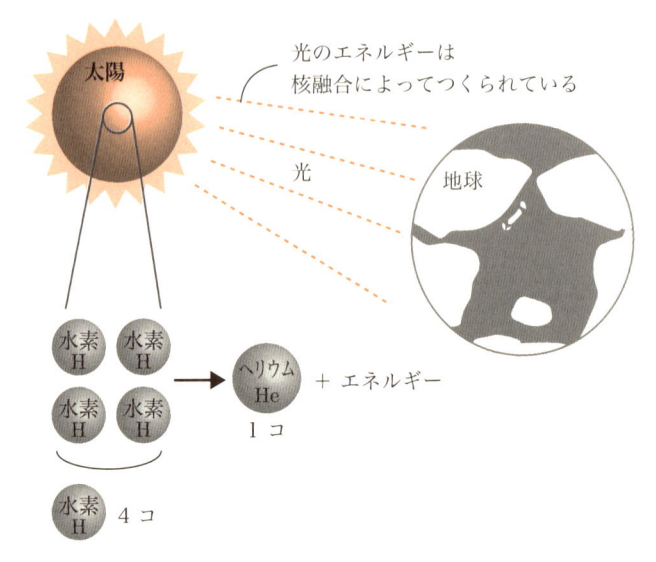

水素 4 コ

図1・12　太陽エネルギー

なってその一部が地球に届いている（図1・12）．

　ただし，相対性理論が「効いて」くるのは，エネルギーが非常に高くなってきたときである．エネルギーが高いといわれても，イメージがつかみにくいかもしれない．1つ例えをいうと「とても速く動いている」ということになる．とても速く動いているボールを想像してほしい．速ければ速いほど，すごくエネルギーをもっているのが想像できるだろう．実際に物理では，上記のように運動エネルギーといい，速いほど運動エネルギーは大きくなる．

　しかし，相対性理論でいうところの「速い」というのは光の速度が基準だ．光の速度に対してとても遅いのが日常の私達の世界である．たとえジェット機でも光の速度からするときわめて遅い．この遅い

ことをエネルギーが低いともいう．エネルギーが低いと，相対性理論というものは「隠れ」て，皆さんが高校や大学の学部1・2年生で習う物理の世界になる．相対性理論は物理の中でもとても難しい理論と思われているが，実は皆さんが高校・大学初年級で習う物理学（これを古典物理学と呼んでいる）を拡張したものであり，エネルギーの高低によって自然と古典物理学に接続するようになっている．エネルギーが低ければ古典物理学で十分なのである．しかし逆にいうと，エネルギーが高くなれば，古典物理学は相対性理論に進化する必要が出てくる，ということだ．そして，このエネルギーというものは，「つかみどころがない」ものだが，とても厳密な法則に従う．既述したエネルギー保存の法則だ．

1.5　ニュートリノの登場

　ニュートリノが登場したのは，エネルギーの収支が合わなかったからと既述した．こんな粒子があったらエネルギーの収支が合うので解決できるということで考え出されたものである．当時見つかっていなかったことは先にも述べたが，ここが凄いことである．

　中学校や高校の理科で，原子核は陽子や中性子でできていることを習うだろう．原子核を構成している粒子である．最近は高校の問題集でも「陽子」や「中性子」といったものを題材とした問題が掲載されている．

　さて中性子は，単独で存在するとおよそ15分（900秒）程度で崩壊することが知られている．ここで「崩壊」について簡単に述べておこう．小さな世界での粒子達は，そのままでいるよりも他の状態（他の粒子たち）になった方がエネルギーとして得をするのであれば，積極的になろうとする性質をもっている．この「なろうとする」というの

がポイントで，何でもかんでもエネルギーが低ければよいという訳ではない（何でもかんでも勝手に崩壊していくわけではない）．そこには物理学の規則が存在する．

　いま，ある規則のもとに1つの粒子が別の粒子になることを考える．エネルギー的に得をしなければならないので，よりエネルギーが低い粒子へ変わろうとする．このときには分裂したりすることが多い．というわけで低い状態へ変わっていくのを「崩壊」と呼んでいる．このとき，その差分に相当するエネルギーが「どこかに」いかないといけない（図1・13）．そして中性子が崩壊するときには，陽子と電子になることがわかっている．陽子も電子も，電荷があるのでこの2つは容易にとらえることができる．このときの様子を絵にすれば図1・14のようなイメージになる．

　さて，出てきた陽子と電子を測定することで，この2つのエネルギーの和が出る．そして，もともともっていた中性子のエネルギーとの収支を計算する…元の状態と同じになるはずだ．過去の物理学者の多くはそう思っていた…しかし，合わなかったのである．もう少し踏み込んだいい方をすると，出てくる電子のエネルギーにはある

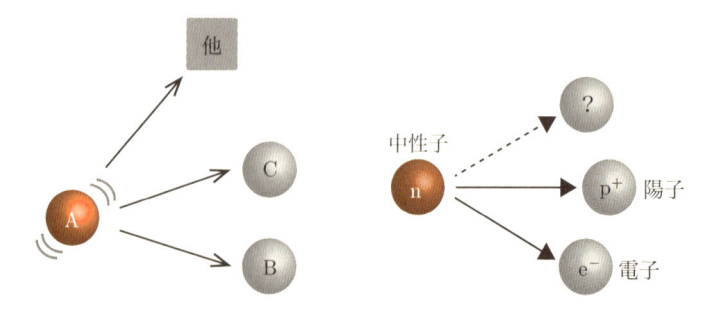

図1・13　粒子の崩壊のイメージ　　図1・14　中性子⇒陽子＋電子（β崩壊）

規則が成り立ち，決まった値ごとの数値しかもっていない筈であった．しかし，結果は決まった値ごとの数値ではなく，連続的な値が出てきたのである．当時は，この過程においてはエネルギー保存の法則が成り立たないのではないか，といわれる程であったという．

　このあたりは少しわかりづらいかもしれない．決まった値ごとの数値というのは，決まった粒子が介在していることを意味している．このケースでは，つまり電子のことだ．電子は質量も電荷もわかっているので，1個がもっているエネルギーは容易にわかるし，2個ならその2倍，3個ならその3倍，という風に，エネルギーの値には決まった値が出てくるはず，と考えるのは，初期段階としては多くの学者が考えることだろう．

　しかし，実際はそうではなかったのである．出てきた電子がもつエネルギーはバラバラの値をもっていた．これでは，電子1個がもつエネルギーなどの考えが成り立たず，何か別の機構がはたらいているとしか考えられない．

　これを解決するために提案されたのがニュートリノである．この崩壊において陽子や電子だけでなくもう1つの粒子が出ていて，それがエネルギーをもち去っている，というモデルだ．正体はわからないが何らかの粒子として出ていると考えた．この粒子は非常に軽く，かつ電荷はもっていないという前提が必要であった．そんな粒子があるのだろうか，と思うかもしれないが，実はこの崩壊（β崩壊という）：

中性子 ⇒ 陽子 ＋ 電子

には，これだけでは辻褄が合わないことがもう1つあった．それは先に紹介したスピンと呼ばれるもので，既述した通り，粒子の回転

運動に例えられ，素粒子たちはこれを1つの特徴としてもっている．そしてこの回転運動にもある規則が成り立っている．

　難しい話はこの本の主旨ではないので簡潔に述べると，実はこのスピン（回転運動）を表す数値があり，これは崩壊の前後で保存されなければならない．この数値は，中性子は $\frac{1}{2}$ という値をもち，陽子も $\frac{1}{2}$，電子も $\frac{1}{2}$ という値をもっている．すると，この崩壊の前後で：

$$\frac{1}{2} \ \rightarrow \ \frac{1}{2} \ + \ \frac{1}{2}$$

となっている（図1・15）．本来は単純な足し算ではないのだが，とりあえずは足し算のイメージをもってもらって構わない．このスピンの値はプラスとマイナスの場合があるのだが，いずれをとってもこの崩壊の前後でこの数値は保存されないことがわかる．これを解決するためにもニュートリノは必要であった．ニュートリノ（注：実はこの場合はニュートリノの反粒子である反ニュートリノで詳しくは後述）が $-\frac{1}{2}$ という回転運動をもっているとすれば，

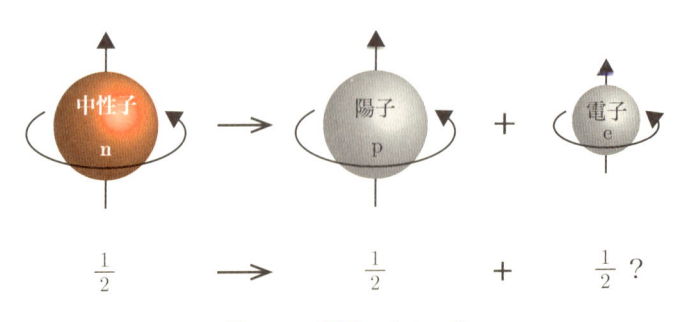

$$\frac{1}{2} \qquad \longrightarrow \qquad \frac{1}{2} \qquad + \qquad \frac{1}{2} \ ?$$

図1・15　回転のイメージ

$$\frac{1}{2} \rightarrow \frac{1}{2} + \frac{1}{2} - \frac{1}{2} = \frac{1}{2}$$

となって，崩壊の前後で回転運動の値を保存することができる．さらに，素粒子たちの別の特徴としてもニュートリノ（この場合は反ニュートリノ）は必要であった．中性子や陽子はバリオンと呼ばれる種類のもので，このバリオンを表す「バリオン数」というものをもっている．一方で電子は，バリオンではなくレプトンといわれる種類のもので，やはりレプトンとしての「レプトン数」をもっている．上記の崩壊を考えると，元々は中性子だけであり，つまりはバリオン数だけである．レプトン数は電子しかもっていない．崩壊によって電子は発生しているので，このレプトン数は相殺される必要がある．これがすなわちニュートリノであり，ニュートリノもレプトン数をもっている．相殺するために，反ニュートリノが出ている．反粒子についてはまた後で述べるが，いろいろな性質が「逆になっている」と思ってもらうとよい．

　これらのことから，中性子の崩壊には，もう1つの新たな粒子が出ているという考え方が支持されるようになったのである．しかし，電気のことを考えると，中性子は名前の通り中性であり，電荷はゼロ．陽子は＋1，電子は−1なので，電荷の保存は既に成り立っているため，この新しい粒子に電荷はないことがはっきりとしていた．非常に軽くて電気的に中性な小さい粒子…これをとらえることは難しかった．そして観測されるまでには四半世紀かかっている．

1.6 カミオカンデ

　ニュートリノを捕まえるのは非常に難しいことはわかっていただけたと思う．ニュートリノは中性で非常に軽く（ほぼゼロ），ほとんど

のものをすり抜けてしまう．ここで「すり抜ける」といってもぱっとしないと思う．どれくらい「すり抜けて」しまうのか，というと，例えば，地球の北極から南極へ向かってニュートリノが飛んできたとしよう．さて，ニュートリノはどうなるだろうか？　北極海の氷や，地球のマントル層にある高熱のマグマ，それから地球中心部にあるとされる非常に硬い核（コア），そしてまたマントルなどを通り，やがて南極大陸に至る．あちこちぶつかってしまうと予想するだろう．

　結論としては，ニュートリノは何にもぶつかることなく，何事もなかったかのように地球をすり抜けていく（図1・16）．地球を北極から南極に貫いているのに，まるでそこに何もないかのように飛んでいくだけなのだ．これにはきっと驚くと思う．電子ですらあちこちにぶつかり，とても地球の反対側へラクに到達はできない．本当に何もないように飛んでいけるのか？と疑問に思うだろうが，実際そうなのである．

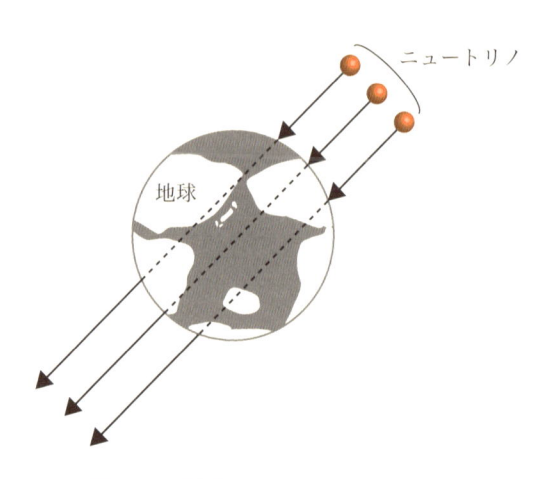

図1・16　地球をすり抜けるニュートリノ

　粒子というと，先にも触れたが日常にあるボールがもっと小さくなったイメージをもつ人が多いのではないだろうか．それだと「広い」隙間は通り抜けられ，ある程度小さくなった隙間は通り抜けられないのは想像できるだろう．その発想は実は合っている．ただし，隙間の広い・狭いはモノによる．ボールにとってみて，広いか狭いか，だ．

　皆さんの中には犬や猫を現在飼っている人や，かつて飼ったことがあるという人もいるだろう．犬小屋に人間は入れるだろうか？子供なら入れるかもしれないが，まず大人は難しい．体が柔らかい人なら入れるかもしれないが，普通の大人はとても入れない．さて，猫はよく家を出入りする．猫好きな人は，その猫用の出入り口をドアや壁につくっていたりする（図1・17）．猫は難なく出入りしてくるが，人間はどうであろうか．とてもではないが猫用の出入り口を人は通ることはできない．そもそも人間が出入りできたらそんな穴をつくる意味はない．人間が出入りするのがドアである．

　ところで，猫用の出入り口を発明したのがニュートンとされている．本当かどうかはわからないが，当時は，猫は飼うもの（ペット）

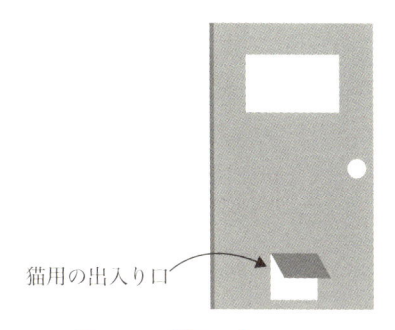

猫用の出入り口

図1・17　猫用の出入り口

ではなくそのあたりにいる動物の1つだったらしい．だが，彼は住み着いた猫を可愛がり，専用の出入り口までつくったという．現代でいえば猛獣…猫は猛獣ではないので，さながら何らかの珍しいハ虫類などを飼っていて，そのために家を改造した，といったところだろうか．天才というのは，やはり変わっているものである．

　話がそれてしまったが，この狭い・広いという感覚はそのものによって異なる，ということだ．猫用の出入り口も人間にとってみたら手が入るくらいの隙間でしかないが，猫にとってみれば出入り口であり，アリにとってみたらさらに広いところに感じるだろう．

　そう，実はニュートリノにとってみたら，世の中のものすべてがだだっ広いのだ．要するにスカスカなのである．この感覚をつかむためには，上述した大きさの感覚を思い出してほしい．原子核の大きさはフェムトメートル（fm）のサイズだと述べた．そしてこのfmは非常に小さい．このfmを人間にとって身近なミリメートル（mm）に例えるなら，人間サイズのメートル（m）は太陽と木星くらいの距離になることを思い出してほしい．ニュートリノの大きさ自体わかっていないことであるが，このfmのサイズより小さいといわれている．つまり，ニュートリノが普通の物質の中を飛んでいる様は，例えるなら1 mmの粒が，太陽と木星の間を飛んでいるようなものなのである．要するに「スカスカ」なのである．このような表現に例えると，どこともぶつかることなく飛んでいける様子を思い描くことができるのではないだろうか．

　日常にあるどんなに硬いものでも，原子・分子が壊れてはいない．地上で最も固いとされるダイヤモンドも，炭素原子が整列して構成されているが，炭素原子は壊れていない．炭素原子の中心には陽子6個と中性子6個の原子核があり，その周りを6個の電子が回ってい

る．電子が回っている付近が原子のサイズであり，陽子・中性子が
いるのが原子核で，そのサイズの違いは10万分の1であることも述
べた．ゆえに電子と原子核との間隔は「スカスカ」なのである．つま
り，地上で最も硬いダイヤモンドもニュートリノからすると何もな
い空間に等しいくらい「スカスカ」なのだ．

　しかし，ニュートリノも粒子の1つなので，「まったく」ぶつから
ないか，というと，そうでもない．地球を貫く間に，それこそ天文
学的な「数の」粒子たちの隙間を通っていく．数多くのニュートリノ
が飛んでくれば，「運がよければ」原子核などに「あたる」粒子もあ
るだろう．ここで，「あたる」というのは，ボールがぶつかるイメー
ジとはちょっと違うことに注意してほしい．ゴツンとぶつかるので
はなく，極めて近づいて相互作用をするということなのだが，「反応
を起こす」と受け取ってもらうとよいかもしれない．その反応が起
これば，感知できるかもしれない．

　しかし，ここで考えなければいけないのが，ニュートリノが反応
する弱い相互作用である．これは「弱い力」ともいわれる．ニュート
リノにはこの弱い力だけはたらく．「弱い」相互作用というように，
この相互作用は強くない．わかりやすくいえば，なかなか起こらな
い反応，ということである．ニュートリノが「運よく」何かの原子核
などに極めて近づいたとしても，弱い相互作用が起こるかというと，
そうでもないのである．実はほとんど起こらない．このため，運よ
く接近したとしても，反応が起こらなければ「すり抜けて」いくだけ
なのである．つまりは，何事もなかったかのように飛んでいくのだ．

　接近することは稀で，そしてさらに反応することも稀である．
ニュートリノを捕まえるのが，いかに大変かがおわかりいただける
だろうか．

　というわけで，ニュートリノを捕まえるのは非常に難しいことがわかってもらえると思う．容易な観測装置では捕まえられないのである．皆さんも中学校や高校などの学校で大きな実験装置を見たことがある人もいるだろう．あるいは理系の人などは大学の実験の授業でさらに大きい，天井にまで届くような装置を見ることがあるかもしれない．

　ニュートリノを捕まえるためには，実はそれくらいの装置でも捕まえられないのである．どれくらいの装置が必要か，というと，山のサイズであると答えよう．物理学者がニュートリノを捕まえるには，鉱山をまるごと使った実験施設が必要だったのである．

　カミオカンデという言葉を聞いたことがある人も多いだろう．これは，岐阜県の神岡町にあった亜鉛鉱の鉱山跡を活用した施設である．物理学者はこの中に巨大な「水がめ」を埋め込んだ．なぜ埋め込んだのかというと，他の邪魔な粒子をできる限り除くためである．この鉱山というのも，そのために都合がよかったのである．ここに，宇宙や地球の裏側から飛んできたニュートリノが飛来する．そして「運よく」原子核などに近づき，さらに「運よく」反応が起こると，周囲にびっしりと設置された観測装置により検知される．

　ここで星の話をする必要がある．太陽のような星は「恒星」というのは中学校で習うだろう．細かい規定はさておき，要するに自分で光っている星である．そしてその星に付随しているのが「惑星」である．地球も太陽系の第3惑星である．

　さて，太陽のような星は，その中心部で核融合反応を起こしていることは述べた．その燃料は主に水素である．燃料というとガソリンを思い浮かべるだろう．ガソリンは普通ガソリンスタンドに行って入れる．ガソリンはもともと原油である．地球の地面に埋まって

いる過去の化石燃料である．では，太陽の燃料であるこの水素，どこにあるかというと，太陽自身である．太陽の実に約75 ％が水素でできているとされている．地球は鉄や炭素が多いが，太陽は大半が軽い水素からできている．

さて，燃料というからには，「限り」がある．ガソリンもやがてなくなるといわれており，人類は他のエネルギーが必要となることは間違いなく，石油（原油）の代替エネルギーが活発に研究されている．太陽は，水素を「燃やして」エネルギーを出している．そのエネルギーの恵みが地球に届いており，他ならないこの太陽光も代替エネルギーの１つとされている．だが，この水素，やはり「限り」がある．いつか使い果たしてしまう．正確な限界はわからないが，およそ後50億年で使い切るといわれている．ここで，ふと疑問が生じると思う．では，燃料がなくなったらどうなるのだろうか？　車はガス欠になるだけである．それ以上動けなくなる．助けを呼ばないといけない．そして再びガソリンを入れれば動けるようになる．

では，太陽はというと，どこからか水素を入れてもらえるのだろうか？　再び「満タン」になったりするだろうか．最近は水素ステーションが日本にもできていたりするが，無論宇宙にはないし，太陽ほどの星を満たすほどの水素ステーションはまずない．太陽は燃料の水素を使い切ったらどうなるのかが気になるだろう．

実は，太陽は，燃料である水素を使い果たした後，どんどん膨張して赤色巨星となり，地球を飲みこむ．なんとしたことか，人類は50億年後までにはどこかの星へ移住しなければならないのだ．ちなみに近年では地球に似た星を探すことも始められている．

恒星の最後にはいくつか異なる結果がある．実は後に残るものが重要で，太陽程度の星は，赤色巨星からガスが抜けて中心部に残っ

た白色矮星になるとされている．そして太陽よりもっと重い星だと超新星爆発を起こして中性子星という星になる．これは時計のように正確に電磁波を放射している天体で，「パルサー」として何個も見つかっている．そしてさらに重い星（太陽の約30倍）だと，ブラックホールになるとされている．ブラックホールという名前は皆さんも聞いたことがあるだろう．すべてのものを飲み込む「穴」である．重力が強すぎて空間が曲げられ，光さえ出て来れない時空の「穴」である．最近初めて撮影できたと話題になっている．

　さて，この爆発のときに，多くのものが宇宙空間にばら撒かれる．先に述べた多様な元素もその1つであるが，実はニュートリノが大量に放出されるのである．星の爆発であるから，その量は非常に莫大なものであり，地上の実験施設でつくり出すものとはそれこそ比較にならないくらい放出される．

　結局，それで何が関係あるかというと，他でもなくニュートリノ観測の絶好のチャンスなのである．宇宙のどこか遠いところで星の爆発が起こったとき，大量のニュートリノが長い時間をかけて宇宙空間を飛び，地球にやってくる．大量のニュートリノがやってくるということは，実験施設に入ってくるニュートリノも莫大である．そして非常に稀な，千載一遇の観測チャンスとなる．

　得てして，1987年にその観測のチャンスはやってきた．はるか過去に宇宙のあるところ（大マゼラン雲）で星の爆発が起きた．そして大量のニュートリノが放出された．それが宇宙空間を飛来して，ついに1987年に地球に到達したのである．これをカミオカンデでも検知した．著者らはこのとき小学生だったので，詳細は知る由もないが，この検知した際にも多様なドラマがあったようである．そしてこの1987年の観測は，ニュートリノ研究だけでなく多様な分野に貢

献をもたらしている．物理学にとってみれば，名実ともに「宇宙からの贈り物」といえるだろう．この超新星爆発は約380年ぶりといわれている．物凄く幸運に恵まれたといっても過言ではない．その意味でもまさしく「宇宙からの贈り物」といえそうだ．

そして，ニュートリノは他の物質をほとんどすり抜けていく．極めて反応しづらいということも先に述べたが，このときに観測されたのは世界のニュートリノ検出器全部で24個，カミオカンデで11個といわれている．「なんだ！11個もあるのか」と思うかもしれないが，カミオカンデに飛来したこの超新星爆発からのニュートリノは1 cm^{2}あたり約1000億個とされている．1 cm^{2}あたり約1000億個も飛んできて，反応を示したのがたった11個である．いかに反応しづらいかがよくわかると思う．

学生実験では測定に関わる誤差は5 ％程度とすることが多いが，この小ささは誤差どころのレベルではない．それくらい極めて精緻な観測をしていることがわかってもらえたらと思う．

さて，このカミオカンデ，実はニュートリノを捕まえるためにつくられたものではない．もともとは「陽子崩壊」というのを観測しようとしてつくられたものである．このあたりは本当に面白いと思う．狙ったものではなく，その副産物がにわかに脚光を浴びるのである．発明や発見というのは得てしてそういうことが多いのではないだろうか．

話はそれるが，皆さんは付箋を使っているだろう．著者も，教員であることもあり，よく付箋を使う．貼って，はがして，また貼って，を繰り返せる．実に便利な文房具である．しかし，これが実は失敗作から生まれたというのは有名なエピソードである．本当は強力な粘着力をもった糊を研究していたが，そのときできたのは粘着

力の弱い糊であった．簡単にはがれてしまうのである．もうおわかりの通り，これが現在は付箋に使われているのである．副産物が思わぬ成果を出すというのは，科学や研究開発の実に面白いところである．

② ニュートリノの基礎

2.1 素粒子の分類

　ニュートリノは素粒子と呼ばれるものに属する，極めて小さい粒子の1つであることは述べた．素粒子とは，世の中のあらゆるものをつくっている基本構成要素ということだ．私たち人間はもとより，周囲にあるものすべて，この地球や太陽，宇宙全体もこれらでできている．もちろんこの本のこのページもそうだし，読んでいるこの字もそうだ．

　科学者は昔からこの基本構成要素が何かを突き止めてきた．「古くは古代ギリシア時代にデモクリトスは"原子"を提唱した（図2・1）」

図2・1　デモクリトスのイラスト

素粒子という言葉が対象とするものは時代によって異なった．100年くらい前までは原子がそれであった．原子という言葉は，それ以上分割できないという意味をもっている．現在でも言葉だけが残って使っているが，やがてこの原子もその中に原子核があるということがわかった．ここまでは現代の中学・高校でも習うことである．さらに，原子核は核子というものでできていて，それは陽子と中性子であるということがわかった．一時期はこれらこそが素粒子と考えられた．しかし，現在素粒子というのは原子核を構成しているこれらの核子（陽子・中性子）ではない．これら核子は，より基本的な構成要素でできていることがわかっている．そこまでは学校で習うことは稀と思っていたが，実は近年では高校の教科書や参考書などに載っている．大学受験の問題集でも，最後の方にちょっと関連したことを載せていたりするのである．著者らが高校生の頃（25年前頃）はそんなことはなかった．時代の進展というものは実に驚くに値する．話が少しずれてしまったが，現代で素粒子と呼ばれるものが一体どんなものかを眺めてみよう．

　人間は水を飲む．水がないと生きていけない．人間にとって，最も身近な物質の1つは水といってよいだろう．そして，この水はどんな分子かは中学生であれば知っている．高校入試でも必須のものだ．それは元素記号を使ってH_2Oと書く．水素原子が2つに，酸素原子が1つだ．では，このHやOがどんなものでできているか，高校の教科書だと後ろの方に載っている．原子というものは中心に原子核があり，その周りを電子が「まわって」いる．そんなイラストを見たことがある読者も多いだろう．水素原子の原子核は，陽子と呼ばれる1個の粒子であり，その周りを1個の電子が「まわって」いる（図2・2）．この陽子はプラスの電気をもっており，電子はマイナス

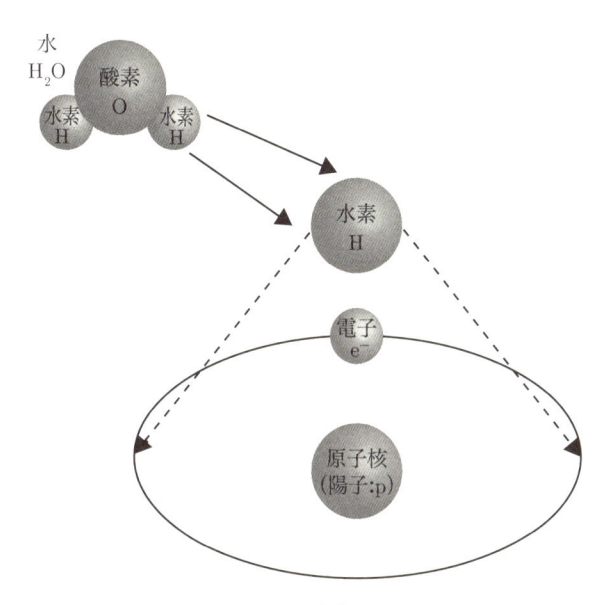

図2・2 水素原子

の電気をもっているということも習うだろう．この電荷のプラスとマイナスで引き合う力と，円運動の遠心力がつり合ってこのクルクル回る状態を説明している本も多い．またこの2つを合わせて，原子は全体としてプラスでもなくマイナスでもない中性の状態となっている，ということで中学生や高校生の頃はナルホドと納得することができた人も多いだろう．

　では酸素原子はというと，中心部にある原子核は，陽子の他に中性子と呼ばれるものからできていて，陽子が8個，中性子が8個である（図2・3）．この$8+8＝16$というのが「質量数」だ．このあたりはよく知っている人も多いと思う．そして原子核の周りには電子が8個ある．電気としては，陽子がもっている8個のプラスの電気と，

電子がもっている8個のマイナスの電気で，全部で都合ゼロ．やはり原子全体としては中性となっている．ナルホドと納得できるであろう．

　ところが，納得できるのは原子という捉え方をした場合であるというのは先ほども少し触れた．つまり，原子全体としては電荷はない．ナルホド，である．しかし，実は原子の中では，電荷がゼロで安定などといっていられないのだ．その点にはまた後で触れるとして，上述したが，この陽子や中性子自体が，かつては「素粒子」と呼ばれていた時代もあった．これ以上は細かいものはないだろう，と

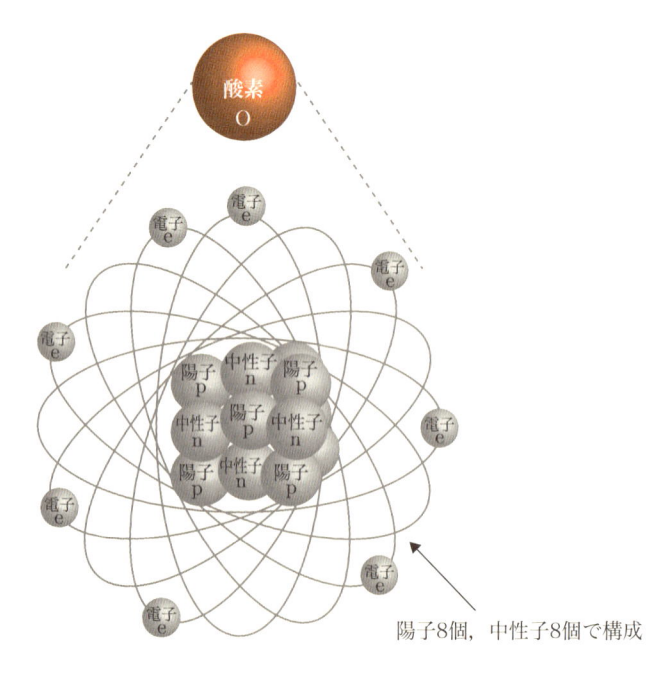

陽子8個，中性子8個で構成

図2・3　酸素原子

いうことだ．実験でそれ以上は探れなかったからだが，現在，この陽子や中性子はさらに細かいものでできていることがわかっている．それがクォークである．このクォークは，現在6種類見つかっている．今のところ，それ以上のより細かい構造が見つかったということにはなっていない．この6種類とは，アップ，ダウン，チャーム，ストレンジ，トップ，ボトムという名前がついている（図2・4）．

そしてこれらのクォークは，実はある分類に従うことがわかっている．もちろんより詳細な分類の仕方もあるが，それは本書の範囲を逸脱してしまうので，ごく簡単な分類を紹介すると，以下の表2・1のようになる．

これは電荷と世代という分類になっている．質量は世代が大きくなるほどに重くなっていく．世代ごとに電荷がプラスとマイナスの2つずつあり，いわば「相棒」が存在するのである．この電荷は，電子の電荷を−1としている．表中の電荷はマイナス3分の1やプラス3分の2となっている．こんな中途半端な電荷ってあるのか？と思っ

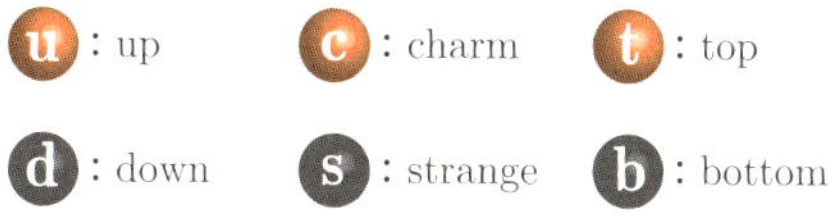

図2・4　クォーク

表2・1　クォークの表

電荷＼世代	1	2	3
$+\dfrac{2}{3}$	アップ	チャーム	トップ
$-\dfrac{1}{3}$	ダウン	ストレンジ	ボトム

た人はなかなか鋭い．電子の電荷は分けられないと習ったことを覚えている人もいるのではないだろうか．素電荷なんて言葉を覚えている人もいるかもしない．電荷の基本量である．

さて，実はこの中途半端な電荷をクォークはもっている．なぜこのような中途半端な電荷が許されるのかという指摘は，とても難しい話に繋がるのでポイントだけ述べておくが，「クォークが単体で見つかったことはない」という言葉に集約される．じゃあ，どうやってクォークがあるってわかったのだろう？と思った人も鋭い．興味がある人は，素粒子実験の本を読んでみるとよいだろう．ごく簡単にいうと，実験では扱いやすい別の粒子をぶつけるのだが，それが跳ね返ってきたものを調べることで，標的がどんな「素性」かわかることができるのである．

さて，これらのクォークのうち，第1世代のアップとダウンは陽子や中性子を構成する．この陽子や中性子，それから他のクォークなどが合わさってできている粒子をハドロンといい，およそ150種類以上ある．そして驚くべきは，この多種類のハドロンたちは上の6個のクォークですべて説明されるのである．これがクォークモデルの凄いところである．6個でそんな組み合わせができるのか，と思った人も鋭い．1編でも述べたが，実は，この小さな世界では，自分の反対の性質をもつ粒子が居て，これらを反粒子と呼んでいる．反粒子はいろいろな性質が逆なのだが，端的にいえば「電荷などのいろいろな性質が逆」と認識してもらえば，まずは十分である．将来この方面に進みたい中高生もいると思うので少しコメントしておけば，この細かい世界は相対性理論に加えて量子力学に従うのだが，この量子力学は様々な性質をあらわす「○○数」というものがあり，反粒子はこの「○○数」が逆になっている，ともいえる（1編で述べたバリオ

ン数やレプトン数など）．ちょっと覚えておくとよい．この様々な性質が逆になった反粒子と粒子で組み合わせをつくることもでき，多様な組み合わせから多くの粒子が構成されていることがわかっている．

さて，クォークの他に，私達がよく知っている粒子がある．それは他でもない電子だ．これは上記のクォークの仲間としては入っていない．ではこれは大して重要でないのか，というととんでもない．電荷の基本単位となっている粒子であり，実は電子こそは人間が容易に観測できるというと語弊があるかもしれないが，人間にとって最も身近な素粒子なのである．

また，観測できる他の粒子としてミューオン（μ粒子）という粒子がある．これは宇宙から実際に降ってきている粒子だ．宇宙空間にはいろいろな粒子が飛びまわっているが，これらの粒子が地球に入ったときに，空気を構成している物質の原子と反応して様々な粒子を生み出している．このミューオンは地表に降り注いでくることが多く，放射線を見られる霧箱などで観測できる粒子だ．このミューオンもハドロン（クォークの仲間）には入っていない．ではこの電子やミューオンはどんな粒子なのだろうか？

電子やミューオンは，ハドロンではなく，レプトンと呼ばれる種類に分類されている．このレプトンは「軽い」という意味をもっているのだが，確かに電子は軽い．またミューオンも「軽い」．クォークと同じ様に，表に分類してみると，

表2・2　レプトンの表（仮1）

電荷＼世代	1	2
−1	電子	ミューオン

となる．やや恣意的だが，このように表にするとクォークの分類の

ように，これらも6種類あるのでは？と結構多くの人が思うだろう．しかし，この表だけで考えると，仮に電子の相棒がミューオンだとすれば，電荷が同じくマイナス同士になる．クォークの表を見てみると，アップとダウンは $+\dfrac{2}{3}$ と $-\dfrac{1}{3}$ なので，電荷が違う．そしてこの電荷の差は1である．これから，相棒としては電子とミューオンはクォークの対応とは合わないのでは，と皆さんも予想ができるだろう．事実，電子とミューオンは相棒ではない．では電子にとってみて電荷が1違うものは何か？というと，電荷がマイナス1であるので，電荷がゼロのものである．電荷がマイナス1から「1」違うものとしてはマイナス2もある．何故電荷がマイナス2ではないのか，というと，2だと基本電気量の2倍をもっているということであり，複数のものからできているということなるので，素粒子として基本構成要素とはいえなくなってしまう．

　さて，軽くて電気量がゼロという粒子は何かあったか…を思い出してみると，それがニュートリノである．そう，実はニュートリノは，レプトンの分類において電子の相棒となる粒子なのである．するとすぐに，ミューオンには相棒はないのか？という疑問が湧くだろう．この相棒も「ニュートリノ」である．ここは注意が必要で，実はニュートリノには種類があったのである．電子の相棒を電子ニュートリノ，ミューオンの相棒をミューニュートリノという．したがって，レプトンは表2・3のように分類でき，相棒が入ってきた．さて，それでも何か

表2・3　レプトンの表（仮2）

電荷　＼　世代	1	2
−1	電子	ミューオン
0	電子ニュートリノ	ミューニュートリノ

足らない気がする…クォークの分類と比べてみると一目瞭然である．それは世代の数だ．

　先程見たようにクォークは3世代ある．ではレプトンは2世代しかないのか？と思うのはごく自然であろう．事実，物理学者も3世代目を探した．そして見つかったのがタウ粒子と呼ばれるレプトンである．すると，タウ粒子の相棒は？ということになるだろう．これも見つかった．もう見当がつく読者もいると思うが，タウニュートリノと呼ばれるものである．これで役者はそろった．レプトンも3世代あり，各世代に相棒が備わっている．

表2・4　レプトンの表

電荷＼世代	1	2	3
−1	電子	ミューオン	タウ粒子
0	電子ニュートリノ	ミューニュートリノ	タウニュートリノ

　ところで，ではなぜ3世代なのか？という疑問をもつ人も多いだろう．実はその理由はわかっていない．これ以上あるのか？という研究もされているが，今のところ4世代以上あった場合だと観測と上手く合わないというデータがあり，これ以上種類が増えることはなさそうである．ちなみに，これらの素粒子をさらに細かいものからできているとする理論がある．それが超弦理論である．クォークなどがストリング（ヒモ）からできているとする理論だ．クォークなどの説明に成功している理論は既述したが「標準理論」といわれるもので，実験とほぼすべて一致している優れた理論である．ただ完全ではないことはわかっていて，1つの大きな課題が重力である．この標準理論は，重力が入っていないのである．一方，超弦理論は重力もうまく取りこめる理論であり，標準理論を超える理論として最

有力候補となっている．しかし，その「ストリング（ヒモ）」の発見は
なされていない．クォークは巨大な実験装置で発見することができ
たが，現実的にはストリングを実験で見つけるということは困難と
いわれている．もちろん何らかのブレークスルーがあれば発見につ
ながったり，そもそもストリングがあるのか，ないのかといったこ
とがわかるだろう．もし発見されれば，ストリングこそが素粒子と
なり，現在素粒子とされているクォークは複合粒子になるのだ．非
常に興味深い．今後の発展が期待されている．

2.2　力の種類

(i)　重力と電気・磁気の力

　物を落とせば落ちる．これはどんな人も経験しているだろう．ま
た，小学生の頃，下敷きを服などでこすって頭の上にもって行くと，
髪が逆立つのを面白がってよくやった人も多いのではないだろうか．
これらは，私たちの生活に身近な「力（ちから）」による物理現象であ
る．この力は，前者は重力，後者は電気の力ということは皆さんも
わかるだろう．また，磁石を使って子供の頃（今も？）よく遊んだ人
も多いだろう．砂場などで砂鉄を引きつけて集めた経験をしたこと
もあるはずだ．これは磁石の力ということになる．実は，電気と磁
気は親戚みたいなもので，これらはまとめて「電磁気力」といわれ
ている．この重力と電磁気力は，私たちにとって身近であり，よく
知っている力だ．実際に，モーターには磁石とコイルが使われてい
ることを知っている人も多いだろう（図2・5）．モーターに電気を流
すと，コイルから磁力がはたらき，軸が周り出す．逆に，モーター
の軸を回せば，周囲にあるコイルに誘導電流が生じ，電線に電流が
流れ出すということも知っているだろう．いわゆる発電機だ．これ

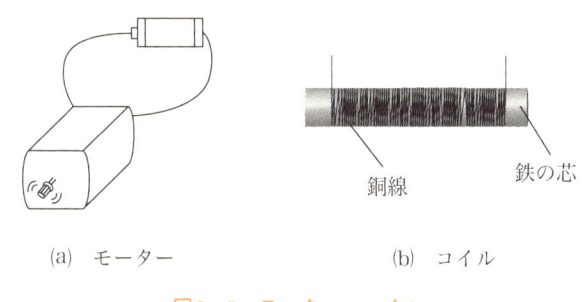

(a) モーター　　　　　　　(b) コイル

図2・5　モーター，コイル

らのことから，電気と磁力はお互いに発生させたりすることができる．また，コイルは電流が流れると磁石（電磁石）となるが，コイルの中に芯として鉄の棒を挿入するとさらに強力な磁石となることを知っている人もいるだろう．

　ところで，素粒子などの世界では，重力はとても弱いことがわかっている．静電気のことを考えるとわかりやすいが，髪の毛が逆立つということは，電磁気力は重力に勝つ，ということだ．つまり電磁気力は，重力よりも「強い」力ということができる．そしてこの「強い」とカギカッコ付きでいったのには理由がある．実は重力は絶対に電磁気力よりも弱いか？というとそうでもない．重力は確かに「弱い」力だが，これが侮れない．学校の理科実験で扱うくらいのサイズであれば，確かに電磁気力は重力よりも強い．しかし，重力というものは質量が非常に大きいものとなると，電磁気力をしのぐ力を示すようになる．典型的なのは天体の運動であろう．太陽系の星たちが万有引力のもとで運動していることは皆さんも知っていたり，習っている人もいると思う．つまり，星くらいに大きなものになると，物体の運動は重力が支配することになる．そう，宇宙や天体のようにとても大きなものになると，電磁気力よりも重力が優位にな

るのだ．力の中では最も弱いとされる重力だが，スケールを変えてみると電磁気力を凌駕し，最も支配する力となるのである．物理学というのは実に面白いと思う．ちなみに，人間は重力を利用して生命活動をしている．有名な話であるが，心臓から血液を送る際，下半身へ送る方へは心臓はあまり強く押し出していない．ちょっと押し出せば血液は下に流れていくので，強く押し出す必要がないからだ．これは重力を利用しているということだ．だからこそ，逆立ちは長時間できないし，宇宙で活動する宇宙飛行士は，船内でトレーニングをしているのである．

　話を小さい世界に戻すと，素粒子は質量が非常に小さい．質量が非常に小さいので，これらの世界では重力はほどんど効かない．よく物理では「無視してよい」という表現を使う．ないものとして扱っても大きな影響がないということだ．すると，この小さい素粒子の世界は電磁気力が支配する世界になるが，実はここで不思議なことが起きているのである．

ⅱ 小さな世界での力

　先に原子分子の話をしたが，復習すると分子は原子からできている．原子は，原子核と電子からできている．そして，原子核はより細かいものでできている．それは陽子と中性子だ．この陽子と中性子が非常に狭い領域にぎゅっと固まっているのが原子核だ．陽子は正の電荷を持ち，中性子はその名前の通り電気をもっていない．

　すると，ちょっと考えると不思議なことが起きていることに気がつくだろうか．それは，電気の反発力があるはずだ，ということだ．原子全体としては中性をもっているのだが，マイナスの電気をもっている電子は，原子核から見てはるか遠方を回っており，原子核の中にはマイナスの電気をもっているものがいない．ということは，

原子核はプラスの電気をおびた状態なのだ．いわゆる電荷を帯びた状態であるが，これは変だな…と思えたら物理的なセンスがあるかもしれない．電荷を帯びた粒子がそのままでいるのはプラズマともいわれている．このプラズマ状態というのはもの凄いエネルギーをもったままの状態である．いわゆる電気の力が「バチバチ」になっている状態で，いろいろなものと反応しやすい状態である．そして電気の力がむき出しになった陽子たちが狭い空間に押し込められているのである．その「バチバチ」の力はもの凄い威力を発揮し，陽子同士を遠ざけるはたらきをする（図2・6）．陽子同士は狭い一箇所にとどまることができずに，遠方に追いやられてしまう…しかし実際には原子核でそんなことは起きていない．なぜだろうか？考えてみれば不思議である．そこには何か別の力がはたらいているのでは，と思うのは自然な発想かもしれない．

　もし電磁気力だけであれば，この原子核はバラバラになってしまうはずだ．ということは原子もできず，分子もできず，物質そのものができておらず，人間どころか地球や宇宙もできない，ということになってしまう．ところがそんなことにはなっておらず，物質からできた私たち人間がそのことを一生懸命不思議に思っている．現実

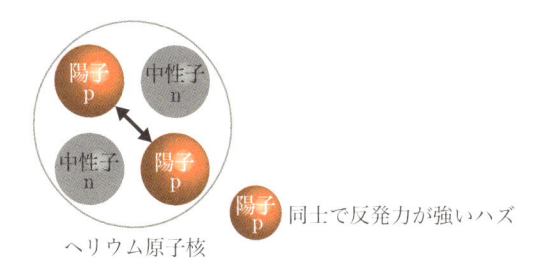

図2・6　He原子核

の物質はあちこちにあり，原子の種類は多様にあり，物質の集合体としての私達も存在している．では電磁気力に関して我々は何か誤解をしているのか？というと，そうでもない．電磁気はマクスウェル博士によってまとめられ，非常に素晴らしい成功を修め，現代の私たちの生活になくてはならないものとなっている．電気・磁気が使われている例などは枚挙に暇がないが，既述した発電などは直接的で大切な一例といえるだろう．

　さて，原子核の中ではプラスの電気が「バチバチ」になっていて，重い原子核だとそれらが多数あることになる．繰り返しになるが，プラスの電荷同士は反発しあうので，原子核中の陽子たちはバラバラになりたいはずだ（図2・7）．しかしそうはなっていない．ということは，この電気の反発力は，別の力によって凌駕されてしまっているということになる．

　それは重力かというと，既述したが小さい世界では重力は電磁気力に到底勝てないので候補から外れる．では他にも力はあるのか？重力や電磁気力以外に力があるのか？というと，実はある，というのが答えだ．

　その力は「強い力」もしくは「強い相互作用」といわれている．耳

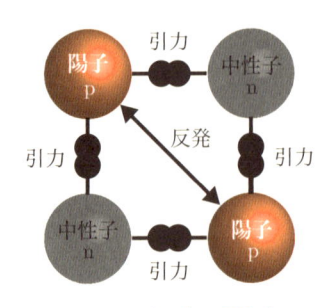

図2・7　強い力と電気力

慣れない言葉であるが，この「強い力」は，その言葉通り現在人類がわかっている力の中で最も強いものだ．名前が単純だが，この強い力は電磁気力の約100倍の強さをもっている．ちょっと想像しづらいが，ではなぜそんなに強い力が身近に感じられないのか，というと，この強い力は，効く範囲が非常に狭いところに限られているからだ．どれくらい狭いかというと，原子核くらいのサイズでしか「届かない」というのが答えになる．だから私たちの日常生活にそれが現れてくることはない．

しいていえば，私たちの周りのもの，それから私達自身をつくっているのがこの「強い力」ともいえる．しかし，届く距離が極めて短いために，私達の日常活動には出てこない．力の届く範囲が限られるというとこれまたイメージがしづらいと思う．人間にとって身近な重力や電磁気力は遥か彼方まで届く（ただし電磁気力は周囲の電荷によってあっというまに中性になるが）からだろう．

簡単な例えを出すと，力の伝わるイメージとしては，ボールの受け渡しということがよく使われる．今，2人でキャッチボールをしている様子を想像してほしい．1人がボールを放って，もう1人が受け取る．ここに「反発力」がイメージされるのはわかるだろうか．ボールを放った人は，ボールからその反動を受けてボールが飛んで行く方向とは反対側への力を受け，ボールを受け取った人はその方向への力を受ける．2人の間にはお互いを反発する力がはたらく，ということがイメージしやすくなるのではないだろうか（図2・8）．

では距離を考えてみよう．軽いボールであれば，遠くまで投げられる．ただし遠ければ遠いほど，投げるのが大変であり，いわゆる大きなエネルギーを必要とするのはわかるだろう．では重いボールはどうだろうか？　それもボーリングの玉のように非常に重いボー

図2・8 キャッチボール

(a) 軽いボール

(b) ボーリングのボール

図2・9 軽いボールとボーリングのボール

ルを想像してほしい．普通の人はとても投げられるものではないし，力持ちの人が投げることができても，すぐ近くにゴン！と落ちてしまうだろう（絶対に試さないでほしい）．ほんのちょっと投げるだけでも，軽いボールとは比較もならないほどエネルギーを必要とすることも想像できるだろう（図2・9）．

実は，遠くまで届かない力というのは，これに相当した現象が起きているものなのだ．重いボールの受け渡しをほんの短い距離でしているのが「強い力」に例えられる．どれくらい短いか？というと，そう，先にも述べた原子核のサイズということになる．原子分子はオングストローム（Å）やナノの世界ということは述べたが，そして原子核はそれよりさらに小さい世界であることも述べた．オングストロームの10万分の1のサイズである．

そして，もう1つの力がある．それは1編でも述べた「弱い力（弱い相互作用）」である．電磁気に比べて非常に弱い．そしてこの弱い力も私達の日常生活には現れて来ない．これは弱いからではなくて，強い力と同様にその到達距離があまりに短いからである．先に，到達距離が短いものは重い粒子を交換しているということは述べた．そして，実際にこの弱い力を伝達する粒子は非常に重いことがわかっている．

しかし，ここでまた疑問をもつ人もいるだろう．弱い力は電子やニュートリノが反応する力であるが，電子やニュートリノは非常に軽い．どうして軽いもの同士で，そんな重いものが受け渡しできるのだろうか？　そんな疑問を持たないだろうか．

それはよいセンスをしているといってよい．先に，質量はエネルギーと等価ということを述べたが，この弱い相互作用は，もともともっていたエネルギー（つまり質量）をはるかに凌駕する重い粒子の

受け渡しをしているのである.

「なんだそれ！？」ということになるだろう. まったく無理はない.

しかし, ここに量子力学のカラクリがある. 実は「ほんの一瞬」であれば, その重い粒子の交換ができるのである. この「ほんの一瞬」が曲者で, エネルギーと時間のあいだにある未定の関係性が存在する. 量子力学の本を読んだことがある人は知っているかもしれないが, 「不確定性原理」というやつである. 実は, 時間が短くなればなるほど, エネルギーのばらつきは大きくなる. 一方でエネルギーが小さいほど, 時間は大きくなる. さきに紹介した湯川秀樹博士の中間子論は, この関係性から質量を見積もったのである. そしてそれが大体合っていた.

弱い力は, 実はこの不確定性を使ったやりとりをしている. なので, 突然重い (エネルギーが大きい) ものが飛んでも, 関係性を保つ時間内であれば「許される」のである. これは本当に不思議な現象だと思う. 不思議に思った人は, 是非量子力学を勉強するとよい. この不確定性原理は, 実にいろいろな物理的意味を含んだ奥深いものではあるが, そんなに難しい式ではなく, 大学の学部生でも十分に理解できるもので, 大学3年生で量子力学を習い始めたくらいに出てくるものである. この不確定性原理を提唱したのはハイゼンベルグという学者で, 彼も量子力学をつくった学者の1人で, 方程式の名前にもなっている. シュレディンガー博士に負けず劣らず, 偉大な物理学者である (図2・10).

さて, この弱い力は言葉通り, 弱い. しかし, 実はこの「弱い力」は, 重力と同様に侮れない. どれくらい侮れないかというと, この弱い力がなかったら地球や太陽…銀河系や宇宙ができなかった, それくらい重要だ, というと強い力と同じ表現になってしまうが, 他

図2・10　ハイゼンベルグ博士のイラスト

の力にはできないことがこの弱い力はできる，というと非常に有り難みが出てくるのではないだろうか．ではこの弱い力にしかできないことは何だろうか．

　重力は星や宇宙となると電磁気を凌駕して支配的になると述べた．これは重力が遥か遠方まで届くことが一因となっている．弱い力は遠方まで届くことはできない．それでは弱い力が侮れないことは何か？

　実はこの弱い力は粒子の種類を変えることができるのである．これは非常に驚くべきことである．電磁気や重力は私達人間にとって身近な力であり，その性質をよく知っているが，物質の種類が変わるなんてことはない．通電させたら鉄がアルミに変わって磁石にくっつかなくなった，なんてことはない．そして強い力は身近なものではないが，これも粒子の種類が変わることはないことがわかっている．ところが，この弱い力だけは粒子の種類を変えてしまうのだ．ただし，変わるといっても，原子核の崩壊の様に，重い原子核から

α粒子（ヘリウムの原子核）が出てきて軽い原子核になった，ということではない．原子核の種類は陽子の数で決まるので，確かに種類は変わったともいえるが，その抜けた分の何かがわかっているものである．重い原子核＝軽い原子核＋α粒子，というように，その素性はわかっているということだ．

では弱い力が変えてしまうというのはどんなことだろうか．先に，中性子が崩壊して陽子になることを紹介した．これだけで粒子の種類が変わっていることがわかる人もいるかもしれないが，もう少し詳しく見てみよう．中性子を構成しているのはアップクォーク1つとダウンクォークが2つである．そして陽子を構成しているのはアップクォーク2つとダウンクォーク1つである（図2・11）．そして中性子が崩壊するときに出てくるのは，陽子の他に電子と反ニュートリノであることは先に述べた．

つまり，クォークレベルで考えると，ダウンクォークの1つがアップクォークに変化していることが起きているのである（図2・12）．これが原子核の崩壊とは違う決定的なところである．クォークの種類

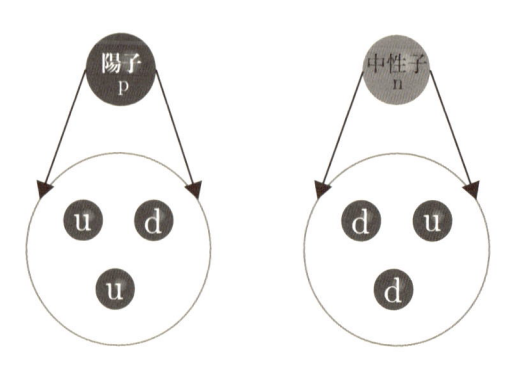

図2・11　陽子・中性子のクォーク構成

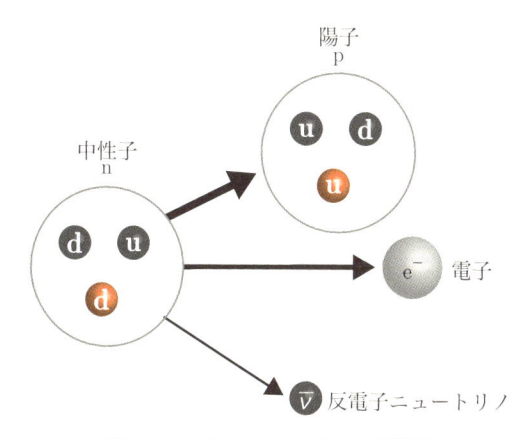

陽子
p

中性子
n

e⁻ 電子

$\bar{\nu}$ 反電子ニュートリノ

図2・12 クォークレベルのβ崩壊

はフレーバー（香り）という（といっても本当にニオイがするわけではない）．このフレーバーは重力，電磁気力，強い力では変えることはできない．ところが，弱い力だけはこれを変えることができるのである．ここが弱い力が侮れないという重要なポイントである．種類を変えるということは，現在の宇宙や地球，私たちを形成している粒子たちの構成を決めているのが弱い力といえるだろう．その偉大さがわかるだろうか．つまりすべての種類のバランスを決めている，ともいえる．重力や電磁気力は目に見えて起こる現象であり，原子分子を構成し，星や宇宙などを支配しているので偉大さがわかる．強い力は，電磁気よりも強いと聞けば偉大さがわかるだろう．強い力は，同じ電荷同士の反発力を押さえ込んでしまうのだから，その強さは本当に凄い．一方，弱い力というと，なんとも貧弱な力というイメージが先行するだろう．しかし，この世の中の物質の構成を決めていると聞けばどうだろうか．その偉大さがにじみ出る表現としては，影の支配者，とでもいえるかもしれない．

　世の中の物質は，クォークたちから構成されていると述べた．原子分子は原子核と電子からなり，原子核は陽子・中性子から構成されている．繰り返しになるが，陽子はu（アップ）クォーク2個，d（ダウン）クォーク1個である．そして中性子はuクォーク1個，dクォーク2個である．つまり，この世の中は本当にクォークたちでできているといえる．

　さて，この世の中にある，uクォークとdクォークの個数はどのようにして決まっているだろうか？　またちょっと視点を変えた質問を投げかけてみよう．これらのuクォークとdクォークのバランスは誰が決めているだろうか？　これを考えてみると，弱い力の偉大さがより如実になるだろうか．繰り返しになるが，弱い力は，物質の構成比を決めているといえるのだ．つまり，弱い力がなかったならば，私たち人間はもとより，地球や宇宙も現在の形にはなっていなかったのである．実はこの構成比というのは非常に重要な役目をもっており，詳細は割愛するが，この構成比が崩れていれば，宇宙自体がなかったかもしれない．少なくとも現在の宇宙とは違った宇宙になっていたはずで，地球も現在のようにはなっていなかっただろう．こういうと弱い力の偉大さが伝わるのではないだろうか．そしてニュートリノは，この弱い力に介在するものである．こうすると，軽くて中性なこの「非常に小さな」粒子が，実はとてつもないものであることがわかるだろう．

　これまで，重力，電磁気力，強い力と3種類の力にこの弱い力が加わり，全部で力の種類は4種類になった（図2・13）．今のところ5番目の力は見つかっていないが，この4種類の力の中で，「弱い力」だけができることがあることがわかった．弱いといわれながらも，実はこの力がないと現在の宇宙がなかった．そして，この弱い力こ

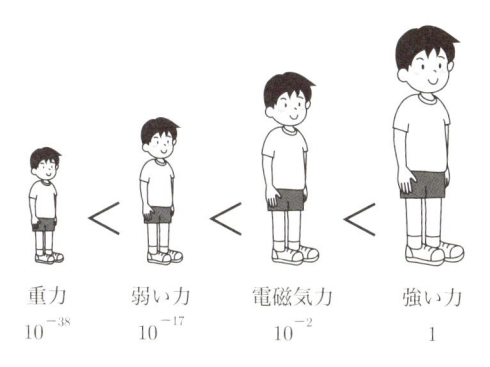

重力　　　弱い力　　電磁気力　　強い力
10^{-38}　10^{-17}　10^{-2}　1

図2・13　4種類の力（数字は力の大きさの比）

そが，ニュートリノと非常に深い関係をもっている．

2.3　ニュートリノの不思議

　ニュートリノは非常に不思議な性質をもっている．ニュートリノは「素粒子」と呼ばれる小さい粒子の1つであることは既に紹介した．素粒子については難しいイメージを持たれてしまうのだが，先にも紹介したように，わかりやすさのためボールによく例えられ，素粒子が運動する様子はボールが飛んでくる様を対比させることが多い．そのイメージをまたここで使わせていただくとして，上述したように素粒子というものは「回転している」．先に紹介したスピンだ．この「回転している」は，ボールが飛びながらボールそのものがクルクル回っていると想像してほしいとも述べた．今また，ボールがある方向に飛んでいて，そのボールが飛んでいる方向を軸として回っていると想像してみてほしい．先にも少し考えたが，その回転には「2種類ある」ということがピンとくるだろうか．

　もう一度考えてみると，例えば，バスケットボールやバレーボー

ルで，ボールを指の上でクルクル回したことがある人もいるだろう．指先からまっすぐ直線が伸びているとして，その直線を回転軸としよう．すると，その軸の周りにボールが回るのだが，その回し方には「右回り」と「左回り」があるのはわかるだろうか．回したことがある人は，どちらが回しやすいというのも人によってあるだろう．実はこの「左回り」と「右回り」を「素粒子」たちももっている．そして，この回り方が，素粒子の重要な性質を決めている．

　左回りも右回りも，上から見たときと下から見たときで入れ替わることも想像できるだろうか．そう，実はこの「見方」も重要なのだ．

　今，粒子が「ビューン」と飛んでいて，その運動方向に対して回転をしていると想像してほしい．まず始めに，この粒子を後ろから見たら「右回り」をしているとしよう．では次に，この粒子を追い越して粒子の前方から見ると，その回転は「左回り」になることは想像できるだろうか．そう，この回転というものはちょっと厄介で，どこから見ているかによって回転の仕方が変わるのである〈右回転か左回転かが変わる（図2・14）〉．

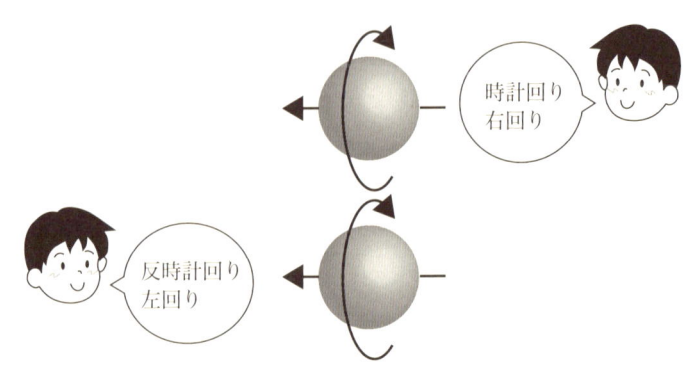

図2・14　ボールの回転の見方

　では，その粒子が追い越せないとしたらどうだろうか？　どんなものでも，光より速くは進むことはできないと聞いたことがある人も多いだろう（図2・15）．つまりこの世の中の最高速度の大きさは光の速さであり，それは秒速30万kmということを知っている人も多いのではないだろうか．わずか1秒間で地球を7周半できるのである．とてつもなく速いが，それよりも速くなることはできないのである．これを示したのが上述した相対性理論だ．そして相対性理論によれば，質量があるものをどんどん加速すると，エネルギーがたちまちに上がっていき，光の速さになるには質量が無限大となる必要が出てきてしまう．無限大というのは高校の数学で習うが，物理的には極端な条件やあらゆるものを禁止したりする条件として出てくる．例えば，ボールが壁にあたる現象などで，壁は動かないことを表すのに壁の質量を無限大として考える，などだ．もちろん壁は実際には何らかの質量をもっているので，無限大とすることに抵抗を感じる人も多いだろう．だが，そうすることで現象に合致した十分な結果が得られるのである．しかし，現実的には無限大の質量とい

光子

図2・15　光を追い抜く？

うのはない．私たち人類が暮らすこの地球だって有限の質量がある．

　無限大のエネルギーというのは「あり得ない」ので，この質量がある粒子をどんどん加速して光の速さに近づくことはできても，完全に一致することはできない．しかし，この無限大のエネルギーになってしまうのを唯一避けられる条件がある．それは質量がゼロということである．かなり不思議に思えるかもしれないが，高校の数学で極限というのを習っている人はちょっと想像できると思う．正確さは欠いた表現になるかもしれないが，ゼロと無限大というのは表裏一体なところがある．無限大になるのを「避ける」には単独ではゼロになるものをかけたり，単独では無限大になるもので割ったりすると，ある有限の値になることがある．詳しくは高校の数学で学ぶことだが，現実的な問題として，質量ゼロの粒子はあるか？という問いには答えることができる．実際に，光は「光子」と呼ばれる粒子でできているが，この光子は質量がゼロである．正確にいうと，光子の質量を探る研究もされており，上限値が報告されているが，まずゼロと考えてよい．

　他にはニュートリノも質量ゼロ「だった」．実はニュートリノは，これまでの観測では左回りのものしかないということがわかっていた（反ニュートリノは右回りのものしかない）．それもあって，「標準理論」ではニュートリノを左回りしかしない粒子とされていたのだ．そう，左回りのものしかないということは，ニュートリノを追い越して右回りで見ることができる…つまりニュートリノは光速で運動するしかない，ということにしていた．それはすなわち，ニュートリノも光子と同様に質量ゼロということだ．事実，ニュートリノの質量はゼロであろうとされていた．

　ところが，上記のように，このニュートリノには質量があること

図2・16 ニュートリノが標準理論を脅す！？

がわかった．これは大変な衝撃をもたらした．標準理論は，人類がこれまで科学を発展させてきた中で，最も成功している理論といわれていると述べた．もちろん，絶対に正しくすべてを説明できる理論だとは物理学者は思っていない（実際に重力は入っていない）が，ここまで非常に多くのことを説明でき，実験と矛盾がなかった理論はなかった．実際に，標準理論に基づいて予測された粒子が多数発見もされている．もちろん以前から重力をも取り込んだ理論も出ているが，2019年の現在でも標準理論ほど現象や実験と合致する理論はない．その理論に，ついに適用できない箇所があった，ということをニュートリノ振動は示していたのだ（図2・16）．

　しかしここで疑問が生じる．では，なぜ右巻きのニュートリノはなかったのだろうか．同じく左巻きの反ニュートリノはなかったのだろうか．とても不思議に思うだろう．ここが非常に難しく，最先端の研究内容でもある．後に，このあたりの可能性を紹介していこう．

2.4 軽い質量

ニュートリノに質量があることがわかったが，では一体どれくらいなのか？というのは現在もなお活発に研究されている．わかっているのは，かなり軽いということだけである．どれくらい軽いか？というと，よく素粒子の世界では電子が引き合いに出される（私達にとって最も身近な素粒子が電子だからだが）が，約 0.5 MeV という値をもっている．これは，質量をエネルギーに換算したものである．なぜ質量をエネルギーにするかはもう自明だろう．相対性理論では，エネルギーと質量は同じだからである．

M はメガで $10^6 = 1\ 000\ 000 = $ 百万ということだ．eV はエネルギーの単位で「エレクトロンボルト」という．エネルギー単位としては，日常的には J（ジュール）だが，ジュールのままだと素粒子のような小さい世界では実はかなり使いづらい．この eV というのは，電子を 1 V の電圧で加速したときのエネルギー，という意味をもっている．素粒子の世界では電場をかけて粒子を加速することが非常に多いので，この単位が使いやすい訳である．ではこの 1 eV はジュールにするとどれくらいかというと，これはとても簡単で，電子の電荷は 1.6×10^{-19} C（クーロン）であることは教科書などによく載っている．この電子を 1 V で加速するときに，電荷×電圧＝エネルギーとなることは高校物理で習う．ということは，1 eV は 1.6×10^{-19} J ということだ．極めて小さいことがわかるだろう（図 2・17）．

さて，質量がエネルギーと同じであることから，素粒子の世界では質量はエネルギーとして考えた方が，いろいろ都合がよいので，そのような風習になっている．もちろん，私達にとって身近な単位でも知っている．電子は 9.1×10^{-31} kg である．しかし，この 10 の

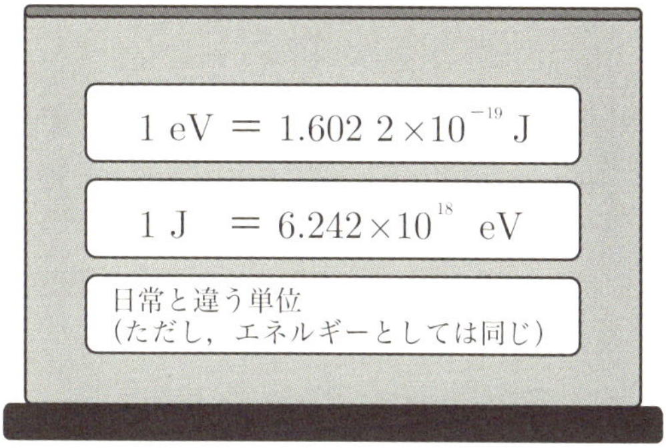

$$1 \text{ eV} = 1.602\ 2 \times 10^{-19} \text{ J}$$

$$1 \text{ J} = 6.242 \times 10^{18} \text{ eV}$$

日常と違う単位
（ただし，エネルギーとしては同じ）

図 2・17　J ⇔ MeV

マイナス31乗というものすごい指数だ．指数は凄いという説明もしたが，このままでは使いづらいことが伝わるだろうか．もし，キログラムのままであれば，いちいちマイナス31乗とかいわなければならないし，書かなければならない．不便であることはわかるだろう．そして何度も出てきているので飽きていると思うが，質量とエネルギーは等価であり，キログラムが出てきたらこれまたいちいちエネルギーに換算する必要が出てくる．これらのことからしても，キログラムのままで使い続けるのがいかに不便で効率が悪いかおわかりいただけるだろうか．というわけで，質量を素粒子物理ではエネルギーの単位として扱っているのである．

　さて，どうして電子が0.5 MeVになるのか，ちょっとだけ解説しておこう．相対論で有名な式として，$E = mc^2$ は知っている読者も多いだろう．これを使えば容易に導出できる．ちなみにこの E の単位はジュールである．光の速度は先にも述べた通り，およそ 3.0×10^8 m/sである．これと電子の質量をそのまま代入すればよい．すると，

$$E = mc^2 = 9.1 \times 10^{-31}(3.0 \times 10^8)^2 = 8.19 \times 10^{-14} \text{ J}$$

という値が得られる．これが電子の質量だ．先ほど 1 eV は 1.6×10^{-19} J になることを確認してあるので，あとはそのまま割り算をすればよい．

$$(8.19 \times 10^{-14} \text{ J} \quad / \quad 1.6 \times 10^{-19} \text{ J})$$

すると，$5.1... \times 10^5$ eV という値が得られる．

さて，M（メガ）は 10^6 なので，10^6 を出すにはどうすればよいだろうか？　今は，10^5 なので1桁足りない．あと1桁増やしたい．なので，10^5 をこう考えてみる：

$$10^5 = 0.1 \times 10^6$$

これは数学的にも間違いでないことはわかるだろう．というわけで，

$$5.1... \times 10^5 \text{ eV} = 5.1... \times 0.1 \times 10^6 \text{ eV} = 0.51... \times 10^6 \text{ eV}$$
$$= 0.51...\text{MeV}$$

となる．こうして質量が素粒子の世界で使うエネルギー単位になることがわかってもらえたと思う．

さて，ではニュートリノの質量はどれくらいなのか？というと，正確にはわかっていないが電子ニュートリノが数 eV 以下といわれている．では，わかりやすく 1 eV としてみよう．これが非常に軽いことがわかるだろうか．エネルギーの単位が変わっているので，ちょっと違和感がある人も多いだろう．しかし，電子の質量は，約 0.5 MeV つまり 0.5×10^6 eV ＝ 500 000 eV である．これに対して電子ニュートリノは 1 eV しかない．500 000分の1，実に5桁も違

うのである！

　読者の中には，電子ですら軽いということを知っている人も多いだろう．そう，陽子からすると電子も非常に軽い．陽子は 900 MeV ほどの質量をもっている．実に電子の 1 800 倍である．ニュートリノは，その電子よりもさらに 5 桁程度（500 000 分の 1）小さいのである（もしかしたらもっと小さいかもしれない）．単純に計算すれば，陽子や中性子よりも 9 000 000 分の 1（9 百万分の 1）である．

　1 編でも書いたが，中学校や高校で習う理科の実験で，誤差という言葉を聞いたことがある人も多いだろう．例えば誤差の数値として，5 ％とすると，実験して，測定で得られた数値が 5 ％くらいの範囲で合っているということだ．この 5 ％は 20 分の 1 である．学校の実験でこの 5 ％を小さいとみなしてこれくらいの誤差ならば OK としているケースが多いことからも，20 分の 1 でもかなり小さいと私たちは認識していることがわかると思うが，それと比較すれば 9 百万分の 1 はなきに等しいことがわかるだろう．現在最も成功している物理学理論である標準理論では，ニュートリノは質量がないということにしていたのもうなずけるのではないだろうか．実際にそれで多くのことが実験と合致し，「うまくいっていた」のである．

　これは冒頭にも述べたことだが，驚くべきことに，自然はそうではなかったということだ．ニュートリノはごくわずかなからも質量があった．ごくごく微量の質量だ．これがあることで，標準理論に修正が必要であるということがわかった．このわずかな違いでも，大きな影響を与えるということは，自然科学に多いにある．

　不思議に思うのは，ではなぜ，そんな軽い質量なのか？ ということである．世の中をつくっている粒子のほとんどは陽子や中性子，そして電子である．バリオンの中には，陽子や中性子よりも重い粒

子がたくさんある．レプトンでも電子はかなり軽く，ミューオンや
タウ粒子は電子よりはるかに重い．なぜ，ニュートリノだけそんな
に軽いのか？

　これはまだよくわかっていない．ただし様々に説明できる理論の
候補があるのも事実である．それは，現実のこの世界では本当に軽
い質量しかないが，「見えない世界」の方に遥かに重い質量をもって
いるとする理論である．

2.5　鏡の中の世界

　右手を鏡に映すと左手になり，左手を鏡に映すと右手になるとい
うのは多くの人が知っていることだろう．右手と左手は，一見する
と同じ様だが実は違う．そして鏡を介してお互いに変換される．右
手と左手のこうした関係を鏡面対称という（図2・18）．これを広げて
いくと，右手を鏡に映した像（左手）をもう一度別の鏡に映してみる
と，右手に戻ることがわかるだろう．ちょっと大変だがやってみる
と面白い．

　さて，この変な操作を何回やっても，右手⇔左手が入れ替わるこ
とがわかるだろう．そんなのあたり前じゃないか，と思うに違いな

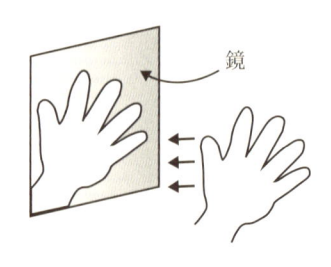

図2・18　鏡に映る手

い．そう，その通りである．私たちの生活ではあたり前に過ぎない
のだが，世の中には，こうした左右の入れ替えの操作を嫌がるもの
ある，とすれば皆さんはどんな印象をもつだろうか？　何をいって
いるかわからないかもしれないが，こうした左右対称の操作（左右の
変換）について，それに従わないものがある，といわれたらどんな想
像をするだろう？

　右手を鏡に写すと左手のように見える．その「写った左手」を別の
鏡に写すと，「右手」になる．これを繰り返しても左と右がチェンジ
することが繰り返されるだけだ．だが，あるとき，「右手を鏡に写し
たら，鏡に映った手は右手に見えた」と聞くと皆さんはどんな印象
を受けるだろうか？　そんなことはないはずである．

　右と左の入れ替えをしたのだから，それに従って左右の入れ替えを
する．そんなのはあたり前の話だが，実は小さい世界ではそれがあ
たり前ではないことがわかったのである．そしてその代表がニュー
トリノだ．

　この左右を入れ替える変換を xy 座標で考えてみよう．x 座標を水
平，y 座標を上下（鉛直という）と考えると，左右を入れ替えるという
ことが，x 座標についてプラスとマイナスをひっくり返す操作をす
ることがわかるだろうか．中学校のときに，x 軸のマイナス方向か
らプラス方向へ矢印をよく書いていたと思う．左右を入れ替えると
いうのは，この矢印の向きをそっくり180度変える操作をすること
である（図2・19）．このような操作を拡張して，空間における位置を
ひっくり返す操作をパリティ変換（P変換）と呼んでいるが，今は矢
印の向きをそっくり真逆にする，つまり，プラスとマイナスを「え
いやっと」入れ替えることと思っておいてほしい．

　さて，この入れ替えであるが，ふつうはこの入れ替えに大人しく

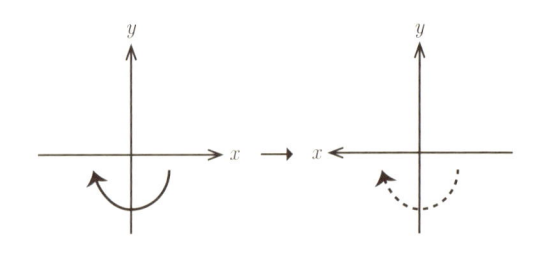

図 2・19　x 軸の向きを変える

従って，右手は左手に，左手は右手に入れ換わる．ところが，小さな世界の粒子たちには，こういった突然の操作を毛嫌いするものがいるのである．実に不思議なことだが，こうした変換は粒子たちにとって突然の変換であり，そんな変換は受け入れられない，とばかりに「抵抗」するのである．日常の世界ではこうした変換で移り変わるのは当たり前の様だが，素粒子たちの世界では必ずしもそうではなかったのである．

2.6　反物質

　反粒子の話をしたが，実は反粒子だけでできた反物質というものがある．電子の反粒子は陽電子（ポジトロン）という．電荷がプラスである．電子なのにプラス電荷（positive）なので，そのような名前になったようだ．どこかで聞いた人もいるかもしれない．実は現代では医療で使われている．

　陽子の反粒子は反陽子という．電荷がマイナスである．マイナスなのに「陽」子だ．これまた不思議であると思う．

　さて，水素は陽子と電子からできていることは既述した．また中学や高校で習った人も多いだろう．ここで，陽電子と反陽子がある

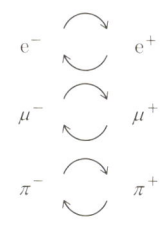

図2・20　C変換による電荷の入れ替え

と聞いて，想像をめぐらした人も多いのではないだろうか．そう，この2つの反粒子からできたものはないのか？と．つまり，「反水素」だ．実はこれ，もうできているのである．反水素というのは合成に成功している．驚くべきことに，反物質というのは，既にあることがわかっているどころか，合成にも成功しているのである．

　かつて，映画「天使と悪魔」で，反物質というのが出てきたことを知っている読者もいるだろう．反物質というものは通常の物質と「逆」であり，出会うとエネルギーとなってしまう．

　そこから，これら「電荷」の正負を逆にする「操作」があることが想像できるかもしれない．実はこの操作は電荷（charge）の頭文字をとって，C変換といわれている．電荷を逆にする操作である（図2・20）．

2.7　反ニュートリノ

　反粒子の流れからいくと，この反ニュートリノが存在することもわかるだろう．この反ニュートリノももちろんわかっている．ただ，電子やクォークなどとはちょっと（かなり？）違った事情をニュートリノは抱えている．この粒子と反粒子というのは，わかりやすい区別としては電荷が逆であることだ．いわゆるプラスとマイナスが逆

であることである．電荷の正負が違うので，これらの区別ははっきりできる…といいたいところだが，ニュートリノに立ち戻ってみると，そう，ニュートリノは電荷をもっていない．ニュートリノの反粒子はどのようなものなのであろうか．それを判別するのが先に出てきたスピンというものである．粒子の自転に例えられる物理量である．

しかし，ここでもニュートリノは不思議な性質を示す．この反粒子とスピンに関して，他の粒子とは異なる性質をもっているのである．それは右巻きと左巻きについてであるが，それについては次の節で述べるが，また別の側面をもっている．実はこの反粒子が「存在しない」かもしれないのだ．存在しないというと語弊があるかもしれないが，ニュートリノは電気的に中性であるがゆえに，実は反粒子が自分自身であるかもしれないということである．つまり粒子＝反粒子ということである．

この粒子が反粒子と同じものは「マヨラナ粒子」といわれている特別な粒子である．実はニュートリノはこのマヨラナ粒子ではないか，とかねてから指摘されており，活発な研究がされている．もしマヨラナ粒子であれば，ニュートリノの不明となっている様々な性質が解明できる可能性が高い．

2.8　右巻きと左巻き

さて，先に述べたスピンについて，粒子に取ってみると，その運動方向とスピンの「回転方向」に一定の規則があることがわかるだろう．右ねじが回りながら進むことを考えてみよう．ねじが進む向きが，すなわち粒子が進んでいく向きで，ねじが回る方向がスピンの向きと思ってほしい．すると，右ねじと同じように振舞うことを

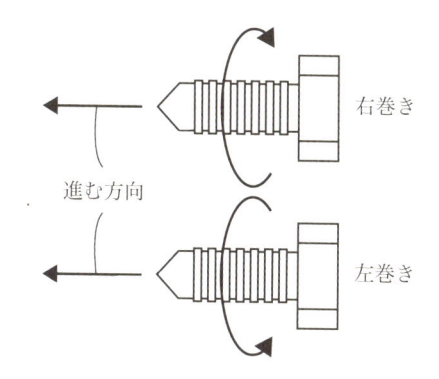

右巻き

進む方向

左巻き

図2・21　右巻きと左巻き

「右巻き」と呼んでいる．一方，右ねじとは逆に回転している場合も
ある．それを「左巻き」と呼んでいる（図2・21）．

　実はこの左巻きと右巻き，ニュートリノにとって非常に大事な性質
を示しているのである．既述したが，ニュートリノは，左巻きのも
ののみ，そして反粒子である反ニュートリノは，右巻きのものしか
見つかっていなかったのである．ところが質量があることがわかっ
たことにより，右巻きのニュートリノ，そして左巻きの反ニュート
リノがあることになる．だが，現在のところ，それらが見つかった
とはされていない．質量があるにも関わらず，なぜ見つからないの
か，それだけでも十分不思議であるが，もっと不思議なことがある．

　弱い相互作用は，左巻きのニュートリノや左巻きの電子にしか作
用しないのである．なぜ右巻きと反応しないのか，これも非常に不
思議な現象である．

　ニュートリノの質量が極めて軽いことは述べたが，なぜそうなの
か，というのはまだわかっていない．が，前節でのべたニュートリ
ノがマヨラナ粒子であれば，それらの説明が可能となるかもしれな

い．その1つが，観測されていない右巻きニュートリノ・左巻き反
ニュートリノは非常に重い質量をもつというもので，その影響で観
測されている左巻きニュートリノ・右巻き反ニュートリノは非常に
軽くなっているという．これらは「シーソー機構」といわれている．
"相方"（観測されていないニュートリノ）が非常に重いので，自分（観測
されているニュートリノ）が軽くなってしまっている，ということだ．
そして，非常に重いがゆえに，まだ見つかっていないという説明も
できる．

2.9　CP対称性の破れ

　これは少し難しい話にもなるので簡潔にしていきたいが，反粒子
の特徴の1つとして，電荷が逆であることを述べた．そして粒子が
発生したり，消えたりすることがあることも述べた．

　さて，Pは何かというと，これは既述したパリティ変換のことで
ある．左右を「えいやっと」一気に変換することだ．皆さんは「対称
性」という言葉を聞いたことがあるだろうか．物理に興味がある人
は，どこかで聞いたことがあるだろう．物理の雑誌のタイトルにも
なっている．

　2008年に，南部陽一郎博士と，小林誠・益川敏英の両博士がノー
ベル物理学賞を受賞したことは多くの人が知っていることと思う．
物理でいう「対称性」とは，この研究に深く関わることなのだが，簡
単に表現してみると，皆さんは鉄を磁石にくっつけたら，やがて，
その鉄自身も磁石になることを小学校の頃やってみたりしたのでは
ないだろうか（図2・22）．

　実はこれ，南部博士らが行った研究にもの凄く関わることなので
ある．実は鉄の原子たちは1個1個が「小さい磁石」の性質をもって

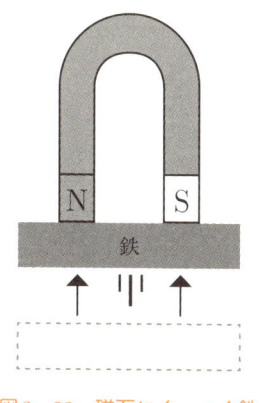

図2・22　磁石にくっつく鉄

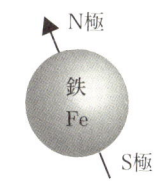

図2・23　磁石としての鉄原子

いる（図2・23）．ただ，通常はその「小さい磁石」の向きはバラバラ
で，鉄の棒は全体としては磁石のN極やS極の向きは出てこない．
どの方向も同じで，特別な向きはない．これを物理では「対称性が
ある」という．一方，磁石にくっつけると，鉄は磁石となる．そこ
には「磁場」というものがあり，鉄原子の「小さい磁石」たちはその
向きに一斉に並ぶ（図2・24）．すると，鉄の棒自身に，N極とS極が
現れ，「特別な向き」が生じることになる．これを物理では「対称性
が破れる」という．「対称性の破れ」というのは南部博士たちが受賞

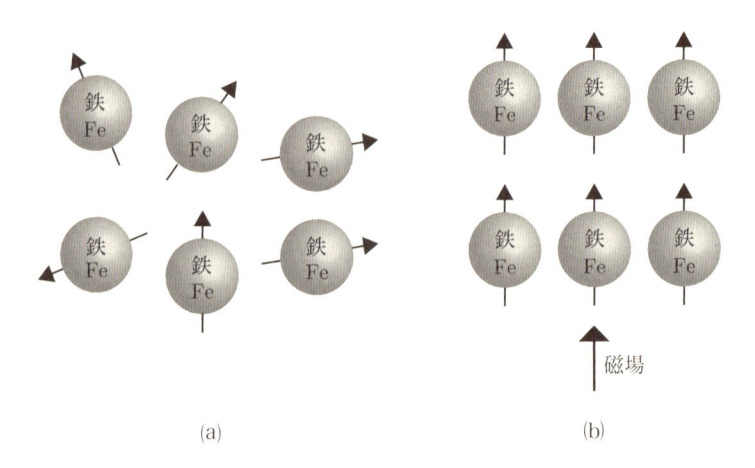

(a)　　　　　　　　　(b)

図2・24　磁石の方向

したテーマに入っている言葉である．「対称性が破れる」というと，何だかものすごいことが起きているように聞こえるが，平易におおまかに表現すると「特別な方向が現れる」といえばわかりやすいだろう．磁石の向きなど，実は日常生活にも「対称性の破れ」というのは顔を出している．

　もう少し簡単な例としては，よく教科書にも書いてあることだが，机の上に鉛筆を立てて，手を離すことを考えてほしい．

　手を放すと鉛筆はコロンと転がるだろう．実はこんな単純なことですらも，「対称性」に関連しているのである．鉛筆を立てているとき，それを上から眺めてみよう．鉛筆の周りはどこも等しく，特別な場所はない．つまり，このときは「対称性がある」といえる（図2・25）．そして，鉛筆が転がった後を想像するとどうだろうか．鉛筆は東西とか，南北とか，ある方向を向いていることだろう（図2・26）．つまり，特別な方向が生じていることになる．これを

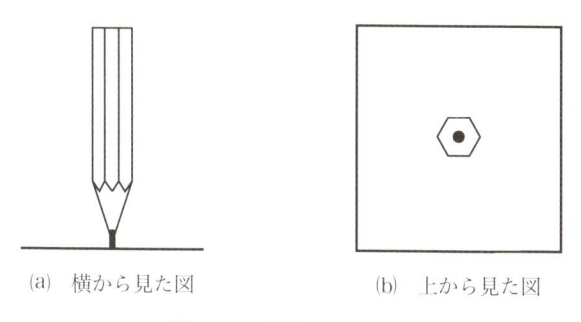

(a) 横から見た図   (b) 上から見た図

図2・25 鉛筆を立てる絵

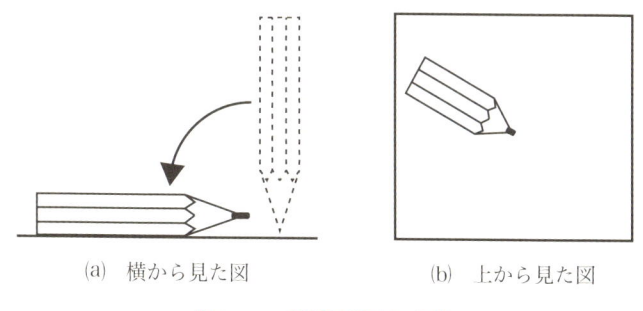

(a) 横から見た図   (b) 上から見た図

図2・26 鉛筆が転がった絵

「対称性が破れる」という.

　右と左という対称性があることを先に述べた．右手と左手は，一見すると同じようなものだが，明らかな違いがあることはわかってもらえるだろう．素粒子にはそのようなものがあると思ってもらいたい．一見すると同じような粒子同士なのだが，実は明確な違いが存在し，そしてその違いは様々な「変換」によって結びつけられている．

　時間を逆にする操作もある．Ｔ変換だ．ちょっとビックリするか

もしれないが，物理学では時間を逆にして考えることもある．なぜこんなことを考えるのかは，実は反粒子にある．反粒子は，「時間を逆行してくる」ともいえるのだ．タイムトラベルができるのか，と思ってしまうかもしれないが，ことはそんなに簡単ではない．

これらの操作は素粒子物理学では非常に大事な操作となっている．

かつてはC，P，T変換はそれぞれ単独で不変であると信じられていた．いまでもC，P，Tすべてを組み合わせたCPT変換についてはすべての相互作用で不変と信じられている．（CPT対称性）

既に述べたが，ニュートリノは弱い相互作用しかせず，そして弱い相互作用は，左巻きの粒子か右巻きの反粒子にしか作用しない．ということは弱い相互作用はC変換に対して不変性をもたないことがわかっている．またP変換についても，粒子の左巻きと右巻き（反粒子の右巻きと左巻き）を入れ替えることになるので，弱い相互作用は対称性を保つことができないことがわかっている．

ではこの2つが組み合わさった変換，CP変換はどうであろうか．これは"左巻きの粒子"と"右巻きの反粒子"とを変換することを意味するので，弱い相互作用においても対称性になり得る．このCP変換については先駆的な発見がある．レプトンではなく，ハドロンに分類されるクォークである．実はクォークについては，CP変換に対する対称性が少し破れていることがわかっている（「CP対称性の破れ」という）．他ならない，2008年にノーベル賞を受賞した小林・益川理論である．

物理学者が不思議に思っていることの1つに，なぜ現在の宇宙は粒子しかないのか（反粒子はごくわずかなのか），という疑問がある．ビッグバンからの元素合成に至る過程で，なぜ粒子だけ残ったのか，というのは，もし「対称性」が完全であれば，粒子と反粒子が同数ある

ことになり，すべてエネルギーになってしまう．つまり粒子は残らない．ところが現実には粒子だけが残り，元素が出来，物質を構成し，人間や地球などを形づくっている．実はここで述べているこの「破れ」は現在の宇宙で粒子と反粒子の個数がなぜ違っているのかを説明できる可能性がある．ところが，自然というものは非常に面白くて，クォークの破れだけではこの構成を説明するには全然足らないのである．すると期待されるのが，ニュートリノにおいてCPの破れがあるかどうか，である．3編で詳しく述べるが，実はかなり研究は進んでいて，T2K実験でも「CP対称性の破れ」の兆候があることがわかっている．

2.10　ニュートリノ振動

　冒頭で述べた梶田博士がノーベル賞を受賞した理由の「ニュートリノ振動」について簡単に触れておこう．ニュートリノは種類があることを述べた．現在は3種類あることがわかっているが，実はこの種類の行き来をすることが観測されたのである．冒頭にも書いたがこれらは梶田博士らがカミオカンデをより発展させたスーパーカミオカンデで発見した現象である．

　もう少し詳しくいうと，ニュートリノは他のニュートリノと混ざった状態で，飛来しながらあるニュートリノから別のニュートリノへ「変身」し，また戻ったりしていることがわかったのである．これだけでもニュートリノが非常に「変な」粒子であることがわかってもらえるだろう．

　飛行中に変身してしまう…これも想像しにくいことであるが，量子力学というのは「確率」の世界ということを聞いたことがある人も多いだろう．小さい世界で起きていることは「確率」に支配されてい

て，必ずそうなるとは限らないのである．小さな素粒子たちの反応は，1つの結果とならず，実は，様々な結果をもたらすことが知られている．では小さな世界が多数集まって構成されている私たちの日常生活は確率で決まっているか，というとそうではない．素粒子たちの世界を「微視的」と表現することも多いが，一方で人間のスケールは「巨視的」といったりする．この日常の「巨視的な世界」では物理現象の結果は決まっている．小さな世界では確率，日常の世界では決定的，その違いの解釈としては，日常で起きている現象は，「もっとも起こりやすいこと」が現れていると理解するとよい．確率としてもっとも起こる，という意味である．無論，確率なので他のことが起こるという可能性もあるが，その確率（他のことが起こる確率）は極めて低い．確率というとサイコロやじゃんけん，トランプなどを使った遊びなどを想像する人も多いと思うが，それらの様に数十回・数百回のうち1回起こるレアな現象，というレベルではない．巨視的なレベルでの「起こりにくいこと」というのは，まず「起こらないこと」というものと思っても差し支えない．したがって，日常世界では起こるべくして起こる結果が現れているのである．

　話をニュートリノの種類へ戻すと，これらのニュートリノの種類について，それぞれどれくらいの質量があるのか？は現在でもなお未解明となっている．もちろん非常に軽いことには違いないが，電子ニュートリノ，ミューニュートリノ，タウニュートリノの3種類の中でどれが一番軽いのか，それぞれの質量はいくらか，それとも全部同じ重さなのか，ということもまだ謎となっている．

❸ ニュートリノの応用

3.1 ニュートリノを捉える

ニュートリノの応用といっても，すでに述べたようにニュートリノは「弱い力」しかしないので，「すぐに人の役に立つ」ような応用はできない．ニュートリノを利用しようにも「弱い力」を通じてでないといけないからである．（普通に人間と相互作用する力は「電磁気力」だけなので，「電磁気力」を通じてでしか人の役に立つものはない．なんとか質量をエネルギーとしてとり出すために工夫して「強い力」を非常に効率悪く「電磁気力」に変えているのが原子力発電だったりするけれど）

逆に，この物質と相互作用しないニュートリノの性質を応用すると，宇宙の遥か遠くの天体からでも地球に届くので宇宙の研究に役立つ．また普通の望遠鏡では「電磁気力」を通じて天体から発せられた光や電磁波を観測するので，星の表面付近の状態の情報しか得られないが，天体の内部から貫通して出てくるニュートリノを捉えれば，星の内部の情報が得られる．こうした「応用を最初に行った」小柴昌俊博士は「天体物理学とくに宇宙ニュートリノの検出に対するパイオニア的貢献」により2002年ノーベル賞を受賞した．

一方，2015年梶田隆章博士のノーベル賞の受賞理由となった標準理論で説明できない質量以外にも，ニュートリノそれ自体の性質にまだわかっていないことが数多く存在している．現在では，ニュートリノはこの宇宙の成り立ちに極めて重要な寄与を果たしていると

考えられている．最先端研究課題であるだけでなく，素粒子や宇宙の謎を解き明かすための重要な「道具」としてニュートリノは利用されている．

いずれにせよ，ニュートリノを捉え利用するには「弱い力」しか使えないので，基本的にとても大きな検出器が必要なる．また，「電磁気力」を通じて反応してしまう宇宙線と呼ばれるミューオンが地上には大量に降り注いでいることから，それから逃れるため，地下に設置することが必要になる．必然的に大規模な予算がかかる国際プロジェクトとしての建設が必須なものになってしまうが，ニュートリノ研究の重要性が広く認識されているため，日本，ヨーロッパ，アメリカ，中国等世界各地にニュートリノ検出器は存在している．

本編では主に日本の宇宙素粒子実験のフラグシップであるスーパーカミオカンデを軸にニュートリノ研究の最前線とその将来計画について，ニュートリノの応用として述べる．

表3・1　現在稼働中の世界の主なニュートリノ検出器

名称	タイプ	国
スーパーカミオカンデ	水	日本
カムランド	オイル	日本
SNO+	水，オイル	カナダ
Borexino	オイル	イタリア
Daya bay	オイル	中国
IceCube	氷	南極（アメリカ）

オイルというのは詳しくはシンチレータと呼ばれる放射線で発光する有機物

3.2 スーパーカミオカンデ

　スーパーカミオカンデ（Super-Kamiokande）は，岐阜県飛騨市神岡町にある標高1 369 mの池の山の山頂直下1 000 mに設置された直径39 m高さ41 mの巨大な水槽に蓄えられた5万トンの純水と，その水槽内に内向きに取り付けられた11 129本の直径50 cmの光検出器と外向きに取り付けられた1 885本の直径20 cmの光検出器からなる世界最大の地下ニュートリノ検出器である．正式には「大型水チェレンコフ宇宙素粒子観測装置」という名称で建設された．

　小柴博士が使用していた，これより1世代前の3 000トンの検出器「カミオカンデ（Kamiokande）」をスケールアップしたので「スーパー」なのであるが，"nde"は何を示しているのであろうか？　実

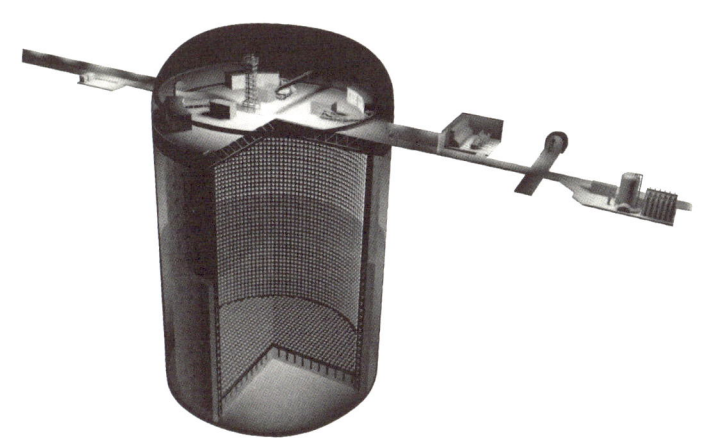

(a)　スーパーカミオカンデ検出器

©東京大学宇宙線研究所　神岡宇宙素粒子研究施設（131ページにフルカラーで掲載）

図3・1　岐阜県飛騨市池の山地下1 000mにあるスーパーカミオカンデ

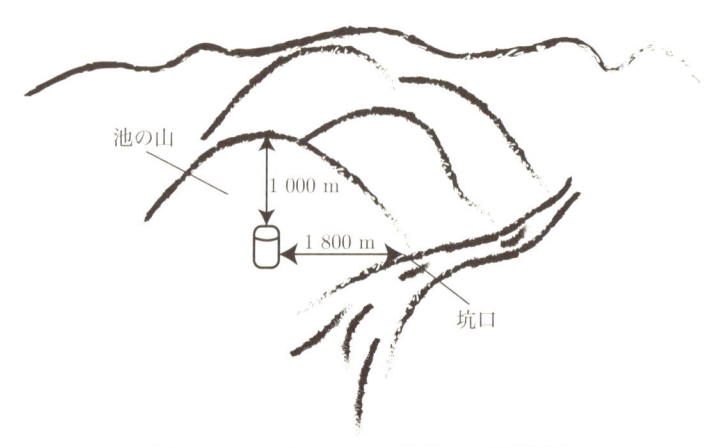

（b）　スーパーカミオカンデと坑口の位置関係

図3・1　岐阜県飛騨市池の山地下1 000mにあるスーパーカミオカンデ（つづき）

©東京大学宇宙線研究所　神岡宇宙素粒子研究施設（132ページにフルカラーで掲載）

図3・2　スーパーカミオカンデの内部

は単純にNeutrino Detection Experiment（ニュートリノ検出実験）の頭文字ということ以上に，複雑な事情がある．2編で述べた完全ではない標準理論を超える理論として，弱い力，電磁気力，強い力の3つをまとめて（重力は難しいのでとりあえず置いておく）説明できる「大統一理論」の候補は数多くあるが，そのほとんどが，陽子は崩壊してもっと軽いクォークとレプトンの組み合わせになることを予言している．実はカミオカンデはこの陽子崩壊を検証することを第一の目的としてNucleon Decay Experiment（核子崩壊実験）として建設されたのである．陽子を手っ取り早く数多く集めて崩壊するかどうか観察するのに「水チェレンコフ検出器」が選ばれたのだが，この水チェレンコフ検出器はニュートリノの検出にも優れていたことから，カミオカンデシリーズの躍進が始まった．

　それでは，「水チェレンコフ検出器」の原理と，どのようにニュートリノが捉えられるかを見ていこう．

　特殊相対性理論によると，光の速度は真空中において，どんな場合でも一定の$c = 299\ 792\ 458$ m/sであり，何物もこれを超えて走ることはできない．しかし物質中では話が異なる．例えば水中では，光は水の屈折率1.33の分だけ遅くなり$c/1.33$となる．そして光以外の電磁気力をもった素粒子も物質中で光速よりも速く走れるようになる．

　一方，水中で，電磁気力をもった素粒子が走ると，原子の電子が動かされ，局所的に電磁場が乱される．この際光が放出されるが通常は互いに干渉して打ち消されてしまう．しかし，光速を超えて電磁場の乱れが伝搬するときには，空気中を超音速で動いたときの音波の衝撃波のように，円錐状に光の衝撃波を生成する．この過程をチェレンコフ放射といい，また放射される光子をチェレンコフ光という．

　チェレンコフとはロシアの物理学者パーヴェル・チェレンコフ博士のことで，このチェレンコフ光の発見により，1958年ノーベル賞を受賞している．

　すでに述べたように，陽子が崩壊する際には電磁気力をもった荷電粒子が非常に高いエネルギーで飛び出てくると考えられているので，水中で光速以上となってチェレンコフ光が発生する．したがって，水を大量に貯めて，それを高感度の光検出器で覆いつくせば，陽子崩壊の検出器となることがわかるであろう．

　しかし，弱い力しかもたないニュートリノがどのように水中でチェレンコフ光を発生させられるのだろうか？　まず，2編の復習をしよう．水分子は酸素原子と水素原子からできていて，各原子核の中には陽子と中性子が，さらにその中にアップクォークとダウンクォークが詰まっていて，原子核の周りを電子がまわっている．そして，ニュートリノにとって水はスカスカではあるが，大量に水があれば，まれにこのクォークや電子がニュートリノと「弱い力」で反応するということであった．

　この際，ニュートリノが十分なエネルギーをもっていて水中へ突入していた場合，弱い力で電子を光速以上で散乱させたり，クォークを変身させると同時にニュートリノ自身が電子，ミュー粒子，タウ粒子に変身して走り続けることになる．このようにして，ニュートリノはチェレンコフ光を発生させるのである．ニュートリノが「弱い力」で荷電粒子を発生させ，それが「電磁気力」で光子（チェレンコフ光）になるという，2段階を経ていることになる．

　水中でニュートリノが出すチェレンコフ光は，水の屈折率と変換後の荷電粒子の速度で決まる頂角をもつ円錐状に放射される．放射される光子の数は，入射したニュートリノから水中の電子や原子核

へ受け渡されたエネルギーに比例するので，光子をなるべく捉えれば，それだけ入射したニュートリノのエネルギー情報が正確に得ら

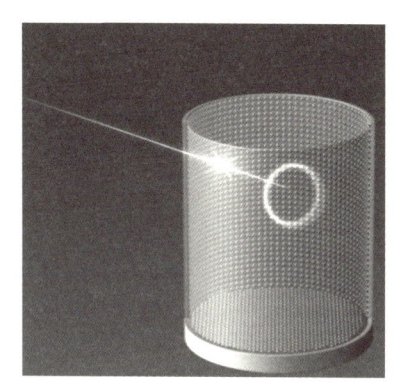

©東京大学宇宙線研究所　神岡宇宙素粒子研究施設

(a)　ニュートリノによるチェレンコフ光が光電子増倍管の壁へ投影される

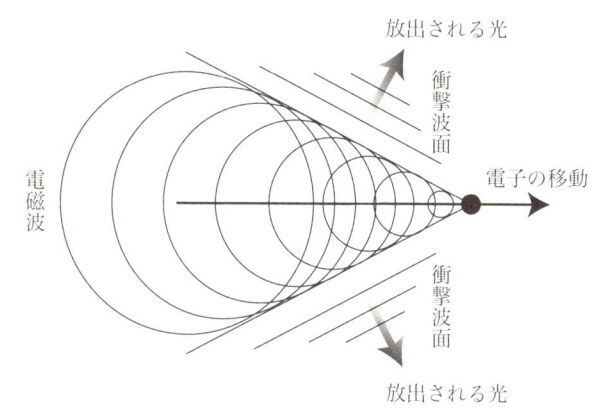

(b)　チェレンコフ放射

図3・3　チェレンコフ光

れる．しかし，このチェレンコフ放射で出てくる光子の数はそれほ
ど多くはない．後述する太陽からやってくる典型的な5 MeV程度の
エネルギーをもった電子ニュートリノによって放射される光子は，
せいぜい100個程度で，仮に頂角42°の円錐状に広がって放射される
光子が全部人間の目に入ったとしても，認識できるかどうかどうか
怪しいくらいの微かな光である．そして，リング状に広がった微か
なチェレンコフ光をそのままイメージとして捉えられると，ニュー
トリノが反応した点や，ニュートリノが入射してきた方向の情報が
得られる．この方向感度が水チェレンコフ検出器最大の特長であ

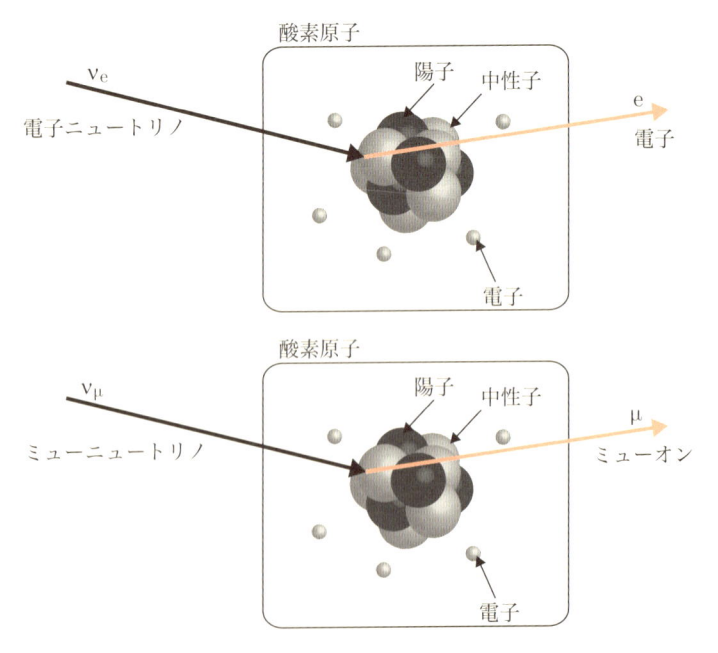

図3・4　ニュートリノが弱い相互作用により水中で電荷をもったレプトンに変わる

る．（表3・1の他のタイプの検出器はニュートリノのやってきた方向がわからない!!）さらに，ニュートリノのエネルギーが十分高い場合，発生させる荷電粒子数やチェレンコフ光子数も多く複雑になるが，チェレンコフリングのパターンを詳細に捉えられると，発生した荷電粒子を特定できるので，もとのニュートリノの種類も特定できるという特長もある．簡単な場合を説明しよう．まず，高エネルギーの電子ニュートリノが反応後につくる電子は軽い粒子なので水中で反応して散乱しながら進み，いくつか別の向きを変えたチェレンコフリングが重なったパターンとなる．一方ミューニュートリノが反応した後のミュー粒子の場合はチェレンコフ光を放射しながらもそのま

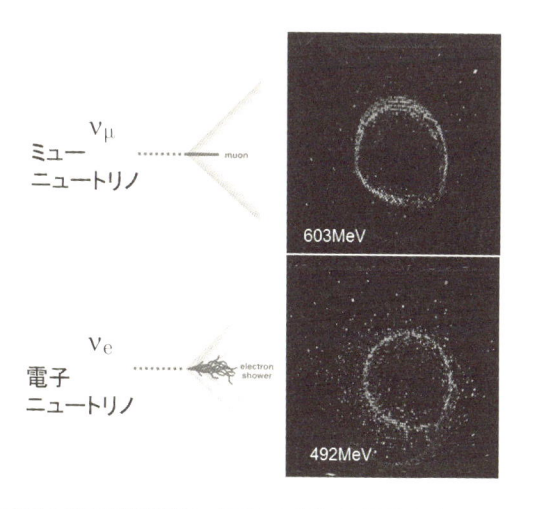

© 東京大学宇宙線研究所　神岡宇宙素粒子研究施設（132ページにフルカラーで掲載）

図3・5　スーパーカミオカンデでの電子ニュートリノとミューニュートリノの「見え方」

ま突き抜けるので向きのそろったリングが重なってクリアーなエッジのパターンとなる．タウニュートリノの場合は，生成される荷電粒子も複雑で，なかなか簡単には判別できないのだが，近年進歩が著しいAIを用いてニューラルネットワーク等の機械学習の手法で判別できている．

したがって，ニュートリノ用「水チェレンコフ検出器」には，チェレンコフ光発生点から光検出器に到達するまでに光子が吸収されたりして減衰しないよう，不純物を極限までとりのぞいた水を貯めること，なるべく多くの光子を捉え，なるべく正確に円錐を再構成できるように，高感度の光検出器で覆いつくすこととが非常に重要となる．

3.3　超純水

手っ取り早いターゲットとしての水であるが，実は「水」だけを手に入れることは難しいし，それを5万トンもの量を貯めておくのはもっと難しいことである．ここで「水」とは水素と酸素からなるH_2Oだけ，それ以外の不純物が含まれていないものである．水道水には様々な不純物が含まれているうえ，殺菌のため塩素が加えられている．ペットボトルのミネラルウォーターは，名前の示すようにミネラル，つまりカルシウムやマグネシウムといったイオンが多く含まれている．1，2編でも述べたように，不純物が含まれているとせっかくニュートリノが発したわずか光を散乱したり吸収したりして情報が失われてしまう．それどころか実は水道水やペットボトルの「普通の水」には　ウラン，トリウム，カリウムといった天然放射性不純物がとても多く含まれている．これらは原子核が崩壊して電子やガンマ線を放出すると，ニュートリノと同じようにチェレン

コフ光を発してしまうので，本来のニュートリノと区別がつかないバックグラウンドイベントを引き起こしてしまうのである．

したがって，ニュートリノ検出には，「普通の水」から不純物を極限まで取り除いた「超純水」を使用しなければならない．この超純水を製造する技術は近年どんどん微細化する半導体素子の製造のため等（洗浄する水に少しでも不純物が残っていると，半導体の組成を乱したり，回路パターンを短絡させたりするなどの影響を及ぼすため）に培われており，かなり一般的なものとなっている．具体的には紫外線による殺菌，逆浸透膜や限界ろ過膜といったフィルターによる微粒子の除去，イオン交換樹脂によるイオンの除去を行う．図3・6にスーパーカミオカンデの超純水システムを示す．

ただし，一般的に超純水を製造するのは，それを洗浄や溶媒として「使う」のが目的だが，スーパーカミオカンデが特殊なのはニュートリノのターゲットとして「貯める」のが目的であることである．したがってこの超純水システムは製造装置だけでなく循環純化装置となっている．そして5万トンもの水の純度を保ったまま貯めるというのが難しい．タンク自体や検出器のケーブルや光センサーから不純物がでてくるし，光センサー等の発熱を冷却しないと温度上昇し，光センサー自身に影響があるだけでなく，バクテリアが発生しやすくなってしまう．これらを1時間あたり60トンから120トンの流量で循環純化するために（つまり5万トンの水が1循環するのには2週間〜1か月かかってしまう．純度という意味では流量がもっと多い方が望ましいのだが），超純水装置としては各ユニットの順番等がオリジナルな組み合わせになっている．

スーパーカミオカンデにとって最も厄介な不純物はラドンと呼ばれる放射性のガスである．ラドンが崩壊する際に出る電子によるチェ

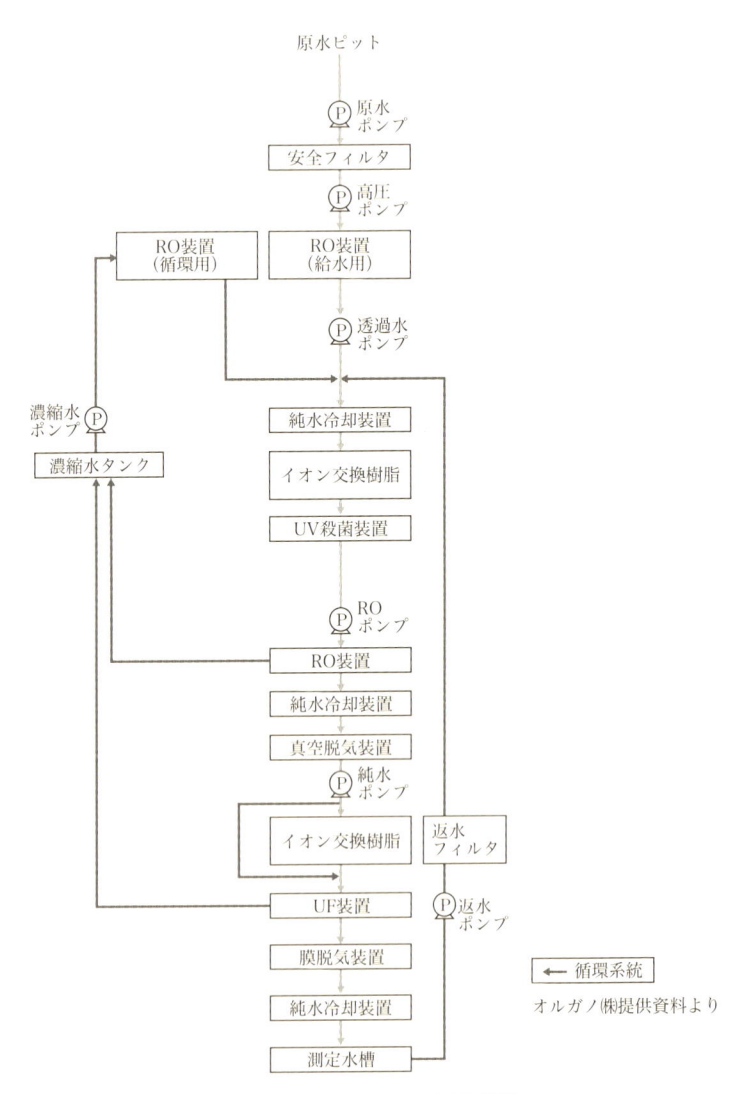

原水ピット

Ⓟ 原水ポンプ

安全フィルタ

Ⓟ 高圧ポンプ

RO装置（循環用）　RO装置（給水用）

Ⓟ 透過水ポンプ

純水冷却装置

イオン交換樹脂

UV殺菌装置

Ⓟ ROポンプ

RO装置

純水冷却装置

真空脱気装置

Ⓟ 純水ポンプ

濃縮水ポンプ Ⓟ

濃縮水タンク

イオン交換樹脂　返水フィルタ

UF装置　Ⓟ 返水ポンプ

膜脱気装置

← 循環系統

純水冷却装置

オルガノ㈱提供資料より

測定水槽

図3・6　スーパーカミオカンデ純水装置のフロー

レンコフ光は，ニュートリノと区別ができないからである．ラドンはウランやラジウムが崩壊して出てくるが，ウランやラジウムがありとあらゆるものに含まれているので，ほとんどすべての物からラドンが出てくるといえる．検出器の光センサーやタンクを構成しているステンレス，さらには超純水システムの配管や配管ガスケット，機能材であるイオン交換樹脂やフィルター自身からも放出される．特に超純水製造の原水である坑内の湧水にも多く含まれるから，「超純水」として最初に注ぐ段階では1 m³あたり1 000ベクレル（1秒間に1 000回放射崩壊をする，都市部の水道水にもこの程度のラドンが含まれている）も含まれている．ラドンはイオン化していないため，イオン交換樹脂で取り除くことはできず，ラドン原子1つをフィルターで取り除くこともできない．そこで一般的に超純水中からガスを除去する脱気装置を用いるが，脱気装置自身からもラドンが出てくるので話は単純ではない．1 m³あたり0.001ベクレル位でないと，エネルギーの低い太陽からのニュートリノはバックグラウンドに埋もれて観測できないのである．実は，ラドン除去で一番有効なのは自らの崩壊を待つことである．ラドンの放射性崩壊の半減期は3.8日であるのでタンク内に給水されて超純水システムに戻るまでの2週間から1か月の間に十分崩壊するのである．ラドン以外の不純物の観点からすると，なるべく早く循環するのがよいのではあるが，スーパーカミオカンデの水循環の流量はこのように最適化がなされている．

(コラム)　「スーパーカミオカンデの水温」

　ところで，スーパーカミオカンデのタンク中の水の温度は何度だろうか．図3・7に高さ方向の水温分布を示す．タンクはステンレスでできており，特に水筒のように断熱材や真空構造があるわけでもないので，何もしなければ神岡鉱山内の岩盤温度と同じ13〜14℃になるはずである．実際には，後述する光電子増倍管の発熱や電子回路からの熱流入があり，純水を循環する際に冷却して周囲より若干冷たい水をタンクの底の方から入れることで（図3・8），温度を保っている．ここで読者に驚いてほしいのは，約40mの高さに渡っておよそ0.1℃の温度差しかないが，一様になることなく，タンク下から上まで（若干ガタガタはしているが）緩やかな温度勾配ができていることである．これは水が密度の違いに従って静かに上の方にゆっくり流れていることを示している．水は13℃付近では0.1℃の温度差だと10^{-5} g/cm^{3}程度しか密度が変化しないが，そのわずかな密度の差が保たれているのである．逆にいうと0.1℃でも高い水温の水を注いでしまうとタンク全体で対流が起きてタンク内の水がかき混ざってしまう．実は3.3で述べた厄介な不純物ラドンはタンクの底の方に溜まっており，タンク内で対流が起きるとスーパーカミオカンデ全体へ拡散してしまい，低エネルギーの太陽ニュートリノが観測できなくなってしまうのである．このようなことを防ぐには1時間あたり60トン〜120トンの流量の送水の温度を少なくとも0.01℃以内の安定度でコントロールできなければならない．これは相当難易度の高い課題であったが，小数点以下4桁の精度で測定できる温度計の開発や，温度コントロールのためのフィードバック機構の高度な調整など，たゆまぬ努力により実現された．

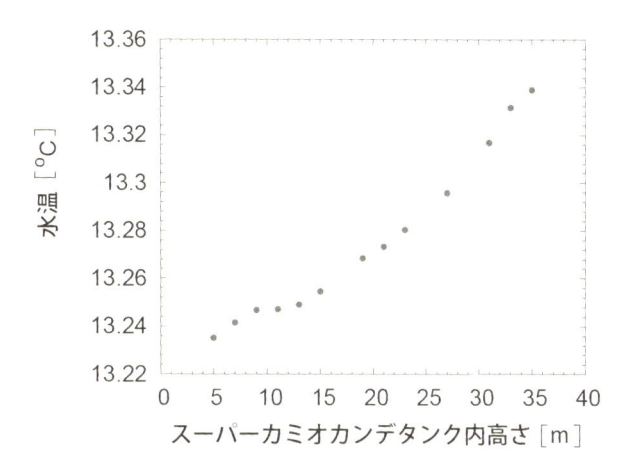

図3・7　2019年8月6日のスーパーカミオカンデのタンク内の水温分布

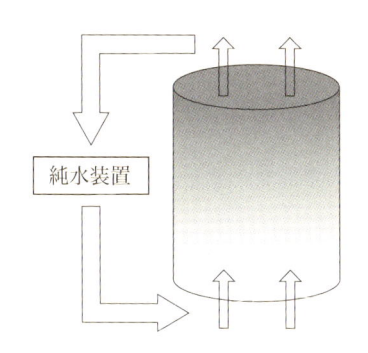

タンク下から給水して上から排水して循環させている

図3・8　スーパーカミオカンデの水循環

3.4 光電子増倍管

わずか1光子の微かな光をとらえる検出器として光電子増倍管がある.

光の「検出」をするには，再度光を電磁気力によって電子に変えて電気信号として取り出す必要がある（さらに言えば，その電気信号をエレクトロニクスで処理してコンピュータにとりこみ解析して，結果を液晶画面等のディスプレーに再度光に変換して，それから人間の目の網膜の桿体細

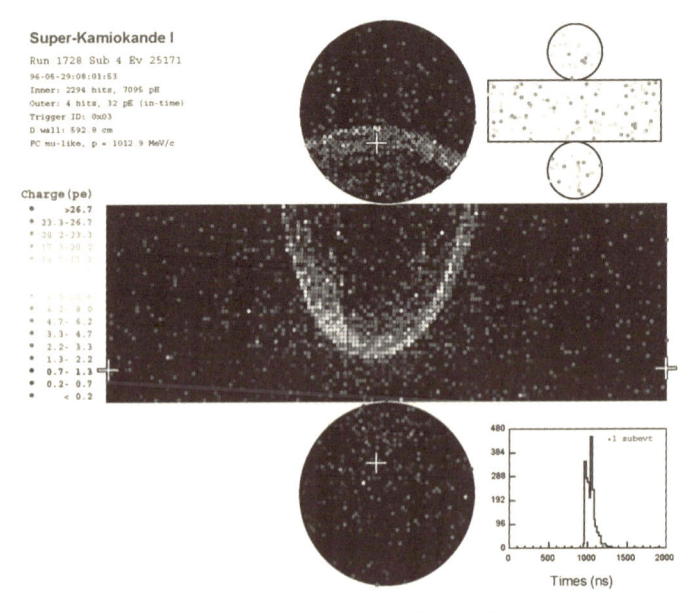

©東京大学宇宙線研究所　神岡宇宙素粒子研究施設（133ページにフルカラーで掲載）

図3・9　スーパーカミオカンデのイベントディスプレー
〜円筒形を展開図で表現する〜

胞で電子に変換して視神経へ電気信号を送って人間の脳に到達する）．

　光電子増倍管は名前の示す通り，光を電子に変換して，1個の電子を1 000万個程度に増倍させる装置である．図3・10のように，ま

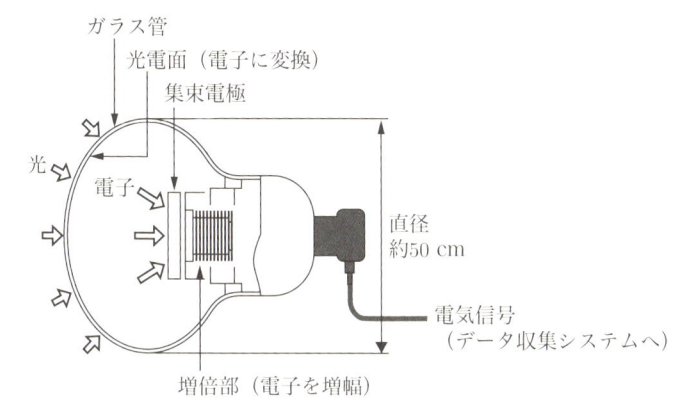

(a)　光を電気信号へ変換する仕組み

(b)　スーパーカミオカンデの光電子増倍管

©東京大学宇宙線研究所　神岡宇宙素粒子研究施設（133ページにフルカラーで掲載）

図3・10　20インチ光電子増倍管の構造と写真

ず，入射部のガラスに塗られた「光電物質」によって，入射した光を電子に変換する．話はそれるが，ここで光が電子を飛び出させることを説明したのがアインシュタイン博士で，これがアインシュタイン博士のノーベル賞の理由（相対性理論ではない！）である．飛び出た電子は，1 000 V〜2 000 Vもの高電圧をかけることよって加速され，次々と「ダイノード」とよばれる金属電極にぶつかり，電子をたたき出しながらその数を増やし，1 000万個くらいになるとようやく「電流」として電気信号として取り出せるようになる．

　チェレンコフリングのイメージをとるなら，デジカメ等でもよいかと思われるかもしれないが，それらのデバイスで一光子を捉えるのは難しいうえ，暗電流と呼ばれるノイズが大きく現状，光電子増倍管には及ばない．そもそも光の飛んでくる方にセンサーがないといけないので，CCDやCMOSセンサーで覆わなければいけないが，現状一つ1インチ程度のサイズのものが最大でとてつもなくコストがかかる．小柴博士は，解像度より覆う面積が重要であるという本質を見抜き，当時存在していた光電子増倍管にくらべ，まさに桁外れの50 cmサイズのものを開発させた．現在でもそれより大きい光電子増倍管は存在せず，各国でつくられるニュートリノ検出器の壁面全体を覆うのにも使用されるサイズである．

　ただし，大きな光電子増倍管の弱点もある．地磁気の影響を受けてしまうのである．光電面から最初のダイノードまで電子が飛ぶ間に地磁気の影響で電子が曲がってしまう．それを防ぐため，スーパーカミオカンデのタンクの内部には地磁気補償コイルと呼ばれる電磁石が設置され，地磁気を打ち消す磁場を発生させている．

3.5 ニュートリノ研究

ここまで，ニュートリノを捉える方法としてスーパーカミオカンデの説明をしてきたが，ようやく本題の研究対象としてのニュートリノついて改めて見ていきたい．すでに2編までに述べたようにニュートリノの性質はある程度わかっているので，ニュートリノの捉え方もわかって，検出手法も確立している．したがって，何でも通り抜けやすいニュートリノを使った光や他の素粒子ではできない「応用」研究ができる．一番の応用は，星の内部や宇宙全体を「見る」ことである．例えば太陽でつくられる太陽ニュートリノを観測することより，太陽内部の活動を直接知ることが可能になるし，星の最期である超新星爆発からのニュートリノを捉えることにより，星の爆発過程の詳細を調べることができる．また，宇宙の始まりから起きてきた数多くの超新星爆発由来のニュートリノを捉えることによって，宇宙の歴史を探ることができる．

一方，矛盾するようなことをいうが，ニュートリノのまだわかっていない性質により宇宙の物質の成り立ちにまで迫れる可能性がわかってきた．そのためには太陽ニュートリノ，大気ニュートリノ等を逆にニュートリノ源として使って，さらに人工的にニュートリノをつくり出して，ニュートリノの性質の全容を解明することが必要である．この節では，ニュートリノ源ごとにこれらニュートリノ研究の現状について見ていきたい．

(i) 太陽ニュートリノ

太陽は我々の身のまわりで最強のニュートリノ発生源である．1編で述べたように太陽中心部で4つの水素原子核（つまり陽子）が融合して1つのヘリウム4原子核（陽子2つ，中性子2つ）がつくられる際に

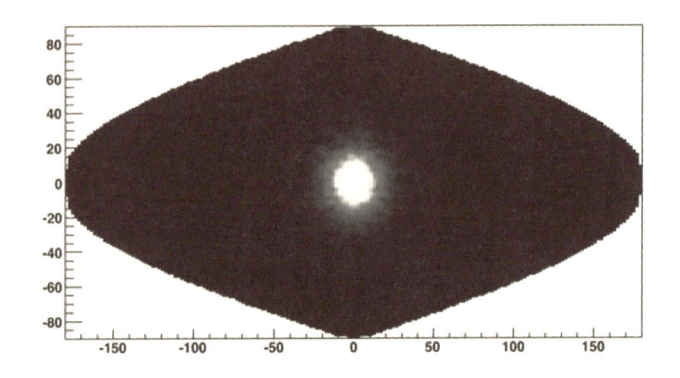

太陽を中心に配置する座標系を用いている．白い部分がその
方向からの事象が多いことを示す．
ⓒ東京大学宇宙線研究所 神岡宇宙素粒子研究施設（134ページ
にフルカラーで掲載）

図3・11 ニュートリノで見た太陽

核融合エネルギーが放出されるが，同時に2つの陽電子と2つの電
子ニュートリノが生成される．（4p → He + 2e$^+$ + 2v_e + 核融合エネ
ルギー）この反応で生成される電子ニュートリノを「太陽ニュートリ
ノ」と呼ぶ．太陽の莫大なエネルギー源である核融合によってつく
られるニュートリノその数も莫大で，地球の位置でも毎秒1平方セ
ンチメートルあたり，約660億個にもなる．

太陽中心で起こった核融合反応による光子が太陽表面に現れるま
で10万年ほどかかるが，ニュートリノは中心から太陽を貫通し，地
球までおよそ8分で到着できる．これが弱い力でしか相互作用しな
いニュートリノが応用できる理由になる．つまり，実は我々が普段
光で見ている太陽は10万年前の活動状況であるが，ニュートリノで
は太陽中心の活動状況をほぼリアルタイムで観測できるのである．

スーパーカミオカンデで見えるニュートリノで輝く太陽の様子を図3・11に示す.

太陽ニュートリノの観測は,1960年代後半小柴博士と同時にノーベル賞を受賞したアメリカのレイモンド・デービス博士がサウスダコタのホームステーク鉱山で開始した.ホームステーク実験は,太陽からの電子ニュートリノが塩素原子核に衝突してアルゴン原子核に変わる反応を利用して測定が行われたが,太陽内部の核融合を説明する「標準太陽模型」から予想される値の約1/3程度でしかなかった.本当に太陽から来たニュートリノを捉えているのか,なぜニュートリノの数が少ないのか,標準太陽模型は正しいのか,それともニュートリノ振動現象が起こっているのか等多くの疑問を生み出した.この問題は「太陽ニュートリノ問題」として,長年にわたり研究者を悩ませた.

1988年に,ホームステーク実験以外の実験として初めてカミオカンデが太陽ニュートリノ観測結果を報告した.カミオカンデにより,ニュートリノが太陽の方向から来ていることが初めて示された.しかし,観測された太陽ニュートリノの強度は標準太陽模型で予想される値の約1/2であり,太陽ニュートリノ問題の謎は一層深まることとなった.その後,スーパーカミオカンデが実験を開始,2000年に高精度の太陽ニュートリノ観測結果を報告した.その結果,観測された太陽ニュートリノ強度は標準太陽模型で予想される強度の約45 %であることを確認し,太陽ニュートリノ問題も(このあと詳述するが1998年に確立していた)ニュートリノ振動によるものであることを示唆した.さらに2001年6月には,カナダのSNO実験での太陽ニュートリノ観測結果を合わせて,2つの実験データだけからニュートリノ振動が起こっているという確実な証拠が示された.ま

た，同時に標準太陽模型で計算されたニュートリノ強度も正しかったことが確認された．ここに至ってようやく太陽ニュートリノ問題はニュートリノ振動によるものであると解決したが，ニュートリノの性質や，太陽の燃焼機構（標準太陽模型）にはまだまだ疑問点が残されている．太陽ニュートリノの振動の正確な値，太陽ニュートリノに対する地球内部の物質効果の確認，太陽内部の化学的組成の解明，等より精密で高い統計精度の太陽ニュートリノ観測が続けられている．

ⅱ 超新星ニュートリノ

すでに述べたように，超新星爆発とは太陽の8倍以上の質量をもつ恒星が，その一生を終えるときに起こす大爆発のことである．この超新星爆発の際，全エネルギーの99 ％以上を，約10秒間にニュートリノとして放出する，というか，貫通力のあるニュートリノしかエネルギーをもち出せないからである．このことは，1987年2月23日，カミオカンデにおいて大マゼラン星雲で発生した超新星爆発に伴うニュートリノ11例を初めて観測したことにより，正しいことが証明され，ニュートリノを観測手段とするニュートリノ天文学の幕開けとされた．（図3・12）

その後，現在まで，超新星爆発に伴うニュートリノは観測されていないが，我々の銀河内では，10年から50年に一度程度の割合で，超新星爆発が起きていると考えられている．スーパーカミオカンデでは，超新星爆発が銀河中心で起こった場合，超新星ニュートリノを約8 000例捕まえられる．この期待される観測量は，世界中の他のニュートリノ観測実験と比べても圧倒的に多い．そのため，ニュートリノのエネルギーと到達時間を正確に観測することで，星の爆発のメカニズムを精度よく知ることが可能になるし，重い星の超新星

爆発の場合は，ニュートリノ観測によってブラックホールが形成される様子が見られる．

　これを逃さないように，24時間体制で監視を続けることが求められており，超新星爆発を観測した時間，ニュートリノの数，方向等の情報を爆発から1時間以内に世界中にアナウンスする体制が整えられている．太陽での話と同様に超新星爆発からの光はニュートリノよりも遅れて星の外に放出されるので，光の望遠鏡でその爆発を観測するのはスーパーカミオカンデの後になる．つまり，ニュートリノによる超新星爆発のアナウンスは，世界の天文台が爆発の瞬間を捕らえるための重要な予告となり，ニュートリノの直接的な「応

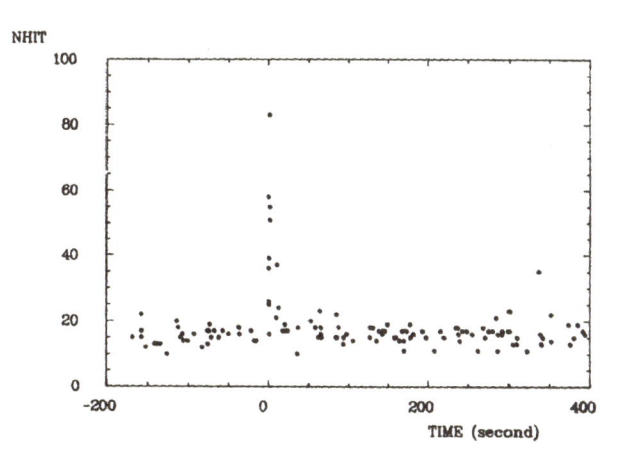

横軸は時間（second，秒），縦軸はチェレンコフ光を検出した光電子増倍管の数（HIT）0秒のところから始まるピークのうち，20 HIT くらいのバックグラウンドレベルより上の11例が超新星ニュートリノ事象を表す．
ⓒ東京大学宇宙線研究所　神岡宇宙素粒子研究施設

図3・12　カミオカンデにおける超新星1987Aからのニュートリノ観測データ

用」例である.

ⅲ　大気ニュートリノ

　ニュートリノ検出器が地下深くに建設されるのは，宇宙から「宇宙線」と呼ばれる高いエネルギーの粒子が絶えず降り注いでいるからであるとすでに述べたが，その宇宙線が大気中の原子核と衝突すると連鎖的に新たな粒子が生み出される「大気シャワー」が起きる．その中で実はニュートリノも大量につくられていて，これらは「大気ニュートリノ」と呼ばれている（図3・13参照）．衝突により，2編でも述べた粒子の崩壊現象が重なって起きている．崩壊は一定の規則

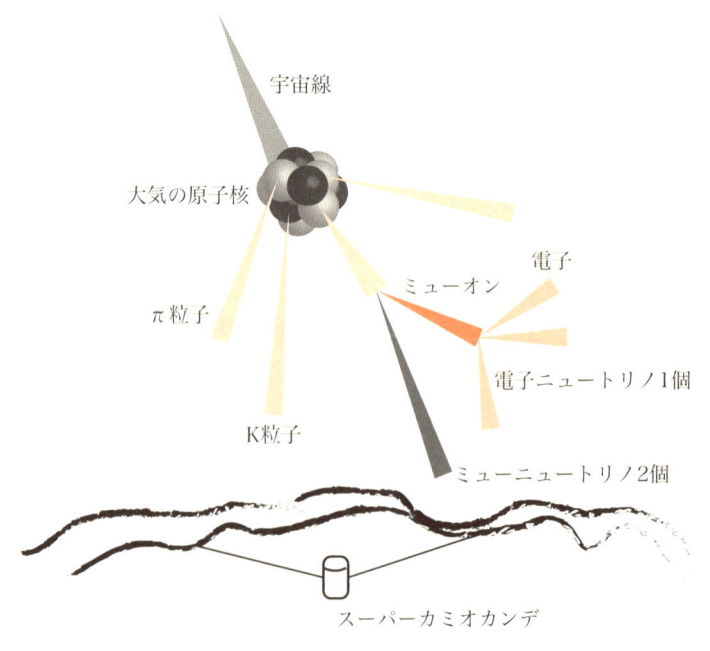

図3・13　宇宙線が大気に衝突し，大気ニュートリノができる

に従って他の粒子が生成されるが，主に π 粒子，K 粒子（1編に出てきた湯川博士が予言して後に発見された粒子．ハドロンの仲間で，クォークから構成される粒子），およびミューオンが崩壊するときにつくられ，電子ニュートリノとミューニュートリノの2種類が生成される．

　大気ニュートリノは地球上の大気中で常につくられ，地球の反対側でつくられたものも簡単に地球を通過してスーパーカミオカンデまで到達している（図3・14参照）．スーパーカミオカンデは一日に約8個の大気ニュートリノを検出しているが，梶田博士がその飛来方向を調べて見たところ，上から来るニュートリノは予想通りであったが，地球

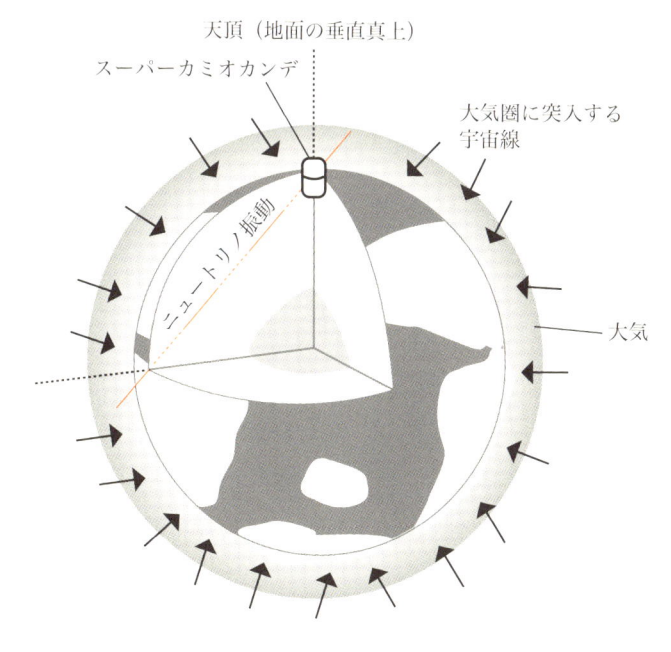

図3・14　大気ニュートリノは宇宙線によって地球全体の外周でつくられる

を貫通して下から飛んでくるニュートリノは数が予想値よりも減って
いることがわかった（図3・15）．1編でも述べたが，ニュートリノは遠
い宇宙の彼方から何事もなかったかのようにあらゆるものをすり抜け
てくる．それなのに，地球の上側と下側とで違いあったのだ．宇宙か
ら見れば地球はとても小さい1惑星でしかない．そのごく小さい星の
中でも違いが見られたのだ．物理学者が驚いたことが想像できるだろ
う．これが2.10で少し説明した「ニュートリノ振動」と呼ばれる現象

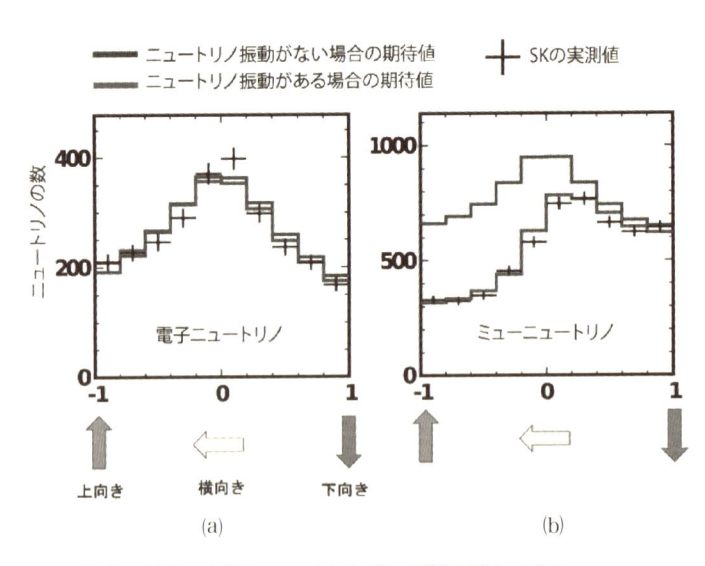

地球の裏側の大気中でつくられ長い距離を飛んできたニュー
トリノは上向きに検出器に対して飛んでくる．図(b)，下から
飛んでくるミューニュートリノのデータ（黒＋）は，予想値
（青線）の半分程しかないことがわかる．
©東京大学宇宙線研究所　神岡宇宙素粒子研究施設（134ページ
にフルカラーで掲載）

図3・15　大気ニュートリノの到来方向分布

であり，スーパーカミオカンデで観測された現象はミューニュートリノがもう1つの別のタウニュートリノに変わったことによるものだ.

　ではミューニュートリノは本当にタウニュートリノになっているのだろうか？　タウニュートリノは，その反応によってできるタウ粒子を信号として探すことになる.　ところがタウ粒子はすぐに多数の他の粒子へと崩壊をするため，高いエネルギーのニュートリノが起こす「たくさんの粒子が生成される現象（多重粒子現象）」との区別が難しく，タウ粒子自身を見つけることは簡単ではないのである.　これを克服するため3.2でも述べたが，最近では多重粒子現象との様々な特徴のわずかな違いをAI（人工知能）で「タウらしい」事象を探している.

　図3・16はニューラルネットワークによる機械学習によりタウニュートリノらしいと思われる事象を集めたものである.　上向きの領域（つまりミューニュートリノの減った領域）に　タウニュートリノがほぼ予想通りの数だけ出現していることがわかった.

　このように発見され確認されたニュートリノ振動だが，この現象を詳細に調べることでまだわかっていないニュートリノ自体の性質を知ることができる.　その1つは質量の順番だ.　すでに述べた通り，ニュートリノ振動があることによって，ニュートリノは質量があることがわかったが，いったいそれがどれくらいなのかはまだわかっていない.　そしてもっと驚くべきことは，どれも軽いと思われるが，質量自身もわかっていないどころか，順番さえもわかっていないのである.　例えば原子核などであれば，電子などを衝突させてその後の振る舞いなどで，どれくらい重いのか？がわかる.　正確な質量値がわからなくても，Aという原子核とBという原子核の衝突後の振る舞いから，AとBどちらが重いのか？はわかる.　しかし，ニュー

トリノはそうはいかない．質量値どころか順番もわかっていないのである．ニュートリノ振動の度合いは質量の差（正確には（質量）^{2}の差）によって決まるが，その差がプラスなのかマイナスなのかによって観測される事象数が変わることが予言されている．現在までにこれは未解決の問題だが，これからも大気ニュートリノの観測データをためていくことで明確な発見ができると期待されている．

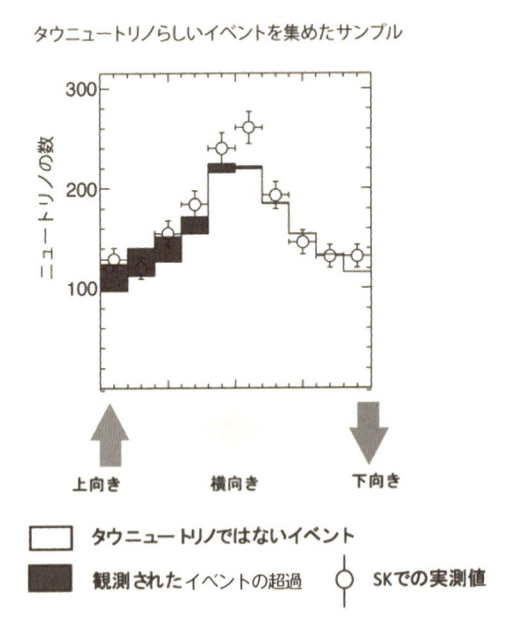

上向きの領域（つまりミューニュートリノの減った領域）にタウニュートリノがほぼ予想通りの数だけ出現していることがわかった．
© 東京大学宇宙線研究所　神岡宇宙素粒子研究施設（135ページにフルカラーで掲載）

図3・16　タウニュートリノらしい大気ニュートリノの到来方向分布

ⅳ 人工ニュートリノ

　繰り返しになるが，スーパーカミオカンデの大気ニュートリノ観測により発見されたニュートリノ振動現象は，ニュートリノが質量をもつときだけ起きることから，（それまでゼロだと考えられていた）ニュートリノに有限な質量があることがわかった．このニュートリノ振動を，人工的につくったニュートリノを用いて精密に確認するためのK2K（KEK to Kamioka）実験が，1999年から2004年にかけて行われた．人工のニュートリノは大気ニュートリノ生成過程と同じように製造する．宇宙線の代わりに陽子を加速し，大気の代わりに炭素でできた標的に衝突させると，π粒子が大量に発生する．このπ粒子は数十メートル走る間に崩壊してミューニュートリノができる．π粒子が崩壊するまでに磁石を用いて＋の電荷をもつものと

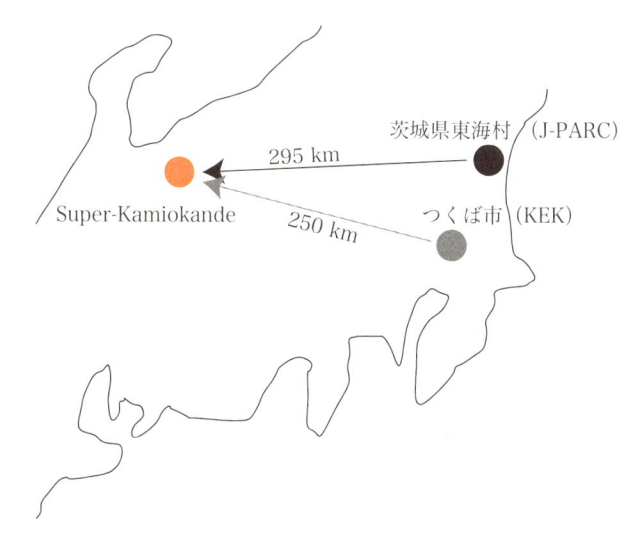

図3・17　KEK実験とT2K実験のニュートリノビーム

一の電荷をもつものに弁別すると，ニュートリノと反ニュートリノを別々につくり出すこともできる．

　K2K実験は，茨城県つくば市にある，高エネルギー加速器研究機構の加速器を用いてつくられたニュートリノを，250 km離れたスーパーカミオカンデによって捉えることで，ニュートリノが飛行するうちに，生成時とは別の種類のニュートリノに変化する様子を観測しようとする，世界で初めての実験であった．観測の結果，大気ニュートリノで発見されたニュートリノ振動を99.9 %以上の精度で確認することができた．

　このK2K実験の成功をふまえ，さらに強力かつ高性能なニュートリノビームで，精密にニュートリノ振動を研究しようというT2K（＝Tokai to Kamioka）実験が2009年4月から行われている．T2K実験は，茨城県東海村の大強度陽子加速器施設（J-PARC）でつくられた大強度のニュートリノビームを295 km離れたスーパーカミオカンデに打ち込む．このT2K実験は，国際的な共同研究で日本はもちろんのこと，アメリカやカナダ，ヨーロッパなど12か国から約400人の研究者が参加している．

　さて，スーパーカミオカンデで東海村のJ-PARCからのニュートリノをどう見つけているのだろうか．スーパーカミオカンデは，光電子増倍管からのすべての信号情報を記録しているが，1日あたりのデータ量は約500 GBにもなる．その膨大なデータには，大気ニュートリノ，太陽ニュートリノなどの信号だけでなく宇宙線ミューオン，岩盤中のラドンの放射能などからの大量なバックグラウンド信号も含まれている．その中からJ-PARCからの人工ニュートリノを区別するために，GPSを活用している．J-PARCでのニュートリノは約3秒に1回，5マイクロ秒間（1マイクロ秒は100万分の1秒）発射さ

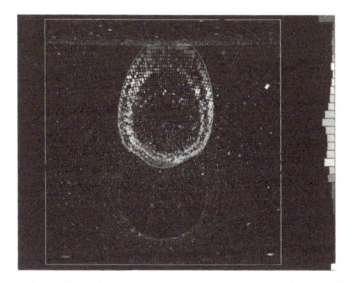 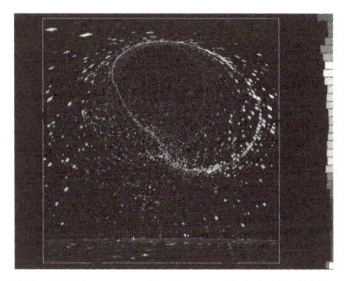

(a) そのままのミューニュートリノ事象　　(b) 電子ニュートリノに変化した事象

© 東京大学宇宙線研究所　神岡宇宙素粒子研究施設（136ページ
にフルカラーで掲載）

**図3・18　スーパーカミオカンデで検出されたJ-PARCからのミューニュート
リノ〈図(a)〉と神岡に来るまでに変化した電子ニュートリノ〈図(b)〉**

れる．J-PARCでニュートリノが発射された時刻とスーパーカミオ
カンデで観測された反応の時刻は，GPS衛星の電波を使って正確に
記録される．　ニュートリノの発射時刻は，J-PARCから学術情報
ネットワーク（SINET）を利用してスーパーカミオカンデに伝えら
れる．その発射時刻に，J-PARC-神岡間のニュートリノの飛行時間
（約1 000分の1秒）を加えた時刻が，スーパーカミオカンデにJ-PARC
からのニュートリノが到達する時刻になる．この時刻に検出された
反応を選び出すことによって，J-PARCからのニュートリノを判別
することができるのである．図3・18にスーパーカミオカンデの捉
えられたJ-PARCからのニュートリノの例を示す．

　ここで改めて，加速器を用いた人工ニュートリノがなぜ必要かを
考えておこう．太陽ニュートリノや，大気ニュートリノはすべて自
然につくられたニュートリノだ．地球に降り注いでいる宇宙線はい
つも同じものではないし，宇宙線自体のエネルギーも多様である．

したがって，生成されるニュートリノの情報を正確に知ることはできない．また，飛来するニュートリノのエネルギーにも幅がある．

　ニュートリノ振動を正確に測定するには，ニュートリノ生成点での情報を正確に把握し，長い距離を飛行した後の情報と比較する必要がある．そのため，人工的に生成したニュートリノであれば，生成点でのエネルギーや数などを正確に知ることができる．また，生成するニュートリノのエネルギーを決めることができるので，最もニュートリノ振動の効果が大きいエネルギー範囲に絞ってニュートリノをつくることもできる．つまり「素性のわかった」ニュートリノのほうが好ましいのである．例えば学校の授業で光の実験をするとき，単色光のランプを使うことが多い（ナトリウムランプなど）．これは光の素性がわかっていて，安定して光を供給し，他の光に邪魔されることが少ないからである．ニュートリノについても，安定した供給源があれば非常に重宝することがわかってもらえると思う．このように，ニュートリノ振動を正確に測定するためには，加速器で人工的につくられたニュートリノを用いることが大変有用である．

　では，そこまで精密にニュートリノ振動を調べることの意義は何だろうか．ニュートリノが宇宙に満ちていることは述べてきたが，それ以上にニュートリノは宇宙の進化の途中で大きな役割を果たしてきたと考えられている．例えば，この宇宙には反物質が極端に少なく，物質によって満たされている原因を，ニュートリノと反ニュートリノの振動の違いによって説明するというアイデアもある．2編でも述べたCP対称性の破れに関することだ．ニュートリノと反ニュートリノで振動の違いがあれば，そこから対称性の破れ，ひいては物質と反物質の違い（物質だけが残って反物質のほとんどがどこかに消えてしまったこと）の説明をできる可能性がある．現在までにニュートリ

ノの性質を調べる研究は多数行われてきたが，まだ全容の解明には至っていない．特に，物質と反物質の量の違いに関係すると考えられる，ニュートリノと反ニュートリノの振動の違いについての詳細は，まだわかっていない．T2K実験では，加速器で強力なニュートリノと反ニュートリノビームをつくることができるので，これらを用いることでニュートリノのもつ性質を深く探る研究を行うことができる．

> **コラム**　**ニュートリノ振動実験の詳細と現状**

とても専門的な話になるが，ニュートリノ振動は，図3·19，図3·20のように，3つの世代のニュートリノの混ざり具合を示す3つの混合角（θ_{12}，θ_{23}，θ_{13}）［ギリシャ文字θはシータと読み，角度記号として使われる］ニュートリノの質量の2乗を取ったものの差2つ（Δm^2_{21}，Δm^2_{32}）［ギリシャ文字Δはデルタと読み，差を表す記号として使われる．］，そして，ニュートリノと反ニュートリノそれぞれの振動の違いを表すパラメータ（δ）［δはΔの小文字］を用いて表すことができると考えられている．これらは，それぞれのニュートリノが勝手に移り変わりをするのではなく，それなりの規則に従っていることを示すためのものである．1，2，3という番号は世代を表している．θ_{12}には12という番号が下についているが，1世代目と2世代目の混ざり具合ということだ．この混合角などを研究することで，ニュートリノ振動の理解が進むものだと思って欲しい．太陽ニュートリノの観測による，電子ニュートリノからミューニュートリノへの振動現象の観測と，原子炉ニュートリノからの反電子ニュートリノから反ミューニュートリノへの振動現象の観測から，ニュートリノ振動に関わる

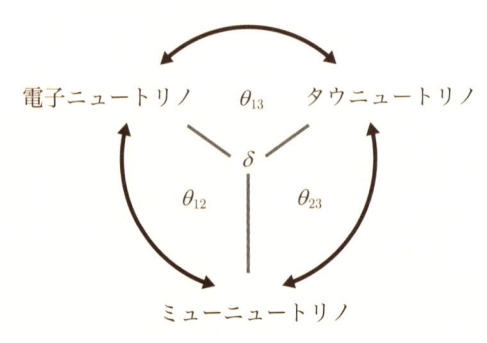

図3・19　ニュートリノ振動と混合角

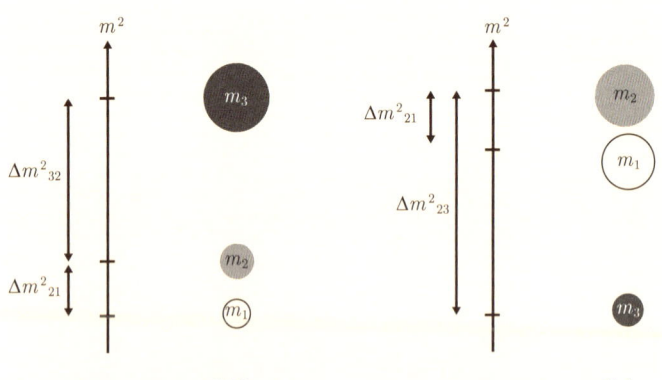

$m_3 > m_2 > m_1$ の場合　　　　$m_2 > m_1 > m_3$ の場合

3つの質量の順番がわかっていないないので2通り考えられる

図3・20　ニュートリノ3世代の質量の二乗の差

パラメータのうち，θ_{12}，Δm^2_{21} が測定された．また，大気ニュートリノ観測やK2K実験などにおいてミューニュートリノからタウニュートリノへの振動が確認され，θ_{23}，Δm^2_{32} が測定された．

θ_{13}に関しては，自然のニュートリノでの観測が難しく，人工的なニュートリノをたくさんつくって精査する必要があった．2011年ごろになってようやく，海外の原子炉から出てくる反電子ニュートリノによる実験やT2K実験の電子ニュートリノへの振動結果からθ_{13}が測定できるようになり，2013年には精度よく値が測定された．これにより3つのニュートリノ振動すべてを実験的に確認することができた．また，θ_{23}，Δm^2_{32}についても，これまでよりもさらに正確に測定することができるようになった．

しかし，ここまでニュートリノ振動を理解できるようになったところで，低いエネルギーの反ニュートリノを用いる原子炉実験から得られた結果と，比較的高いエネルギーのニュートリノを用いるT2Kから得られた結果に若干の違いが見えてきた．ニュートリノと反ニュートリノの振動に違いがある可能性が示唆されたことと，測定されたθ_{13}の値が，研究者たちの予想よりも大きかったことから，反ミューニュートリノビームをスーパーカミオカンデに打ち込み，ニュートリノ振動と反ニュートリノ振動の違いであるδを直接的に測定し，物質と反物質の非対称性の謎を検証することがT2K実験の次の大きな目標となった．そのために，より高い精度の測定が求められており，これを実現するための努力が続けられている．

サハロフの3条件

宇宙が「反物質」でなくて，「物質」できるための条件は，政治家としても有名なロシアのアンドレイ・サハロフ博士が1967年に提唱した「サハロフの3条件」として知られている.

1）バリオン数が保存しない相互作用がある

2）C対称性・CP対称性がともに破れている

3）バリオン数を破る過程が進行中に熱平衡状態から破れている
　　（熱平衡とは熱（エネルギー）の移動や相の変化がない状態）

という3条件だ（実はこれに加え，CPT対称性が保存していることは必須の前提条件になっている）.

1）の条件は自明である．1編や2編で述べたが，標準理論ではバリオン数は保存することになっているが，普通の物質であるバリオンと反物質である反バリオンの対称性が破れている．つまり何かしらバリオン数が保存しない相互作用がないと，いまの「物質」の宇宙とならない.

2）の条件は2編で説明した粒子と反粒子の入れ替えの対称性についてである．もしあらゆる相互作用においてCP変換の対称性，つまり粒子と反粒子が入れ替わっても同じだとしたら，結局物質と反物質の差が生まれないということである.

3）の条件は，できたバリオン数が生き残るために必要なことで，完全な熱平衡状態では結局バリオン数が相殺されてバリオン数がゼロの平衡点に落ち着いてしまう.

1）については，バリオン数を保存しない反応があることはすでに知られていて，標準理論を超える大統一理論では　バリオン数とレプトン数の差B-Lが保存していると考えられている．また，3）については宇宙の進化において熱平衡にない状態があったことはわかっている．残る2）についてもすでに2編で述べたようにクォークについてCPが破

れていることはノーベル賞になるくらい知られている．しかしそれだけではその非対称の大ききが小さすぎて現在の宇宙の「物質」の量が説明できないのである．つまり，未発見のCP対称性の破れがあるはずなのである．このようなわけで，宇宙における物質・反物質の非対称性の議論にはレプトンでのCP対称性の破れの研究が非常に重要なのである．

3.6 ニュートリノ研究の将来計画 ～スーパーカミオカンデ Gd とハイパーカミオカンデ～

(i) 超新星背景ニュートリノとSK-Gd

すでに述べたように超新星爆発が起きるときに放出されるニュートリノは，1987年にカミオカンデ実験で観測されたが，それ以降我々の銀河付近で超新星爆発が起こっていないため，超新星爆発時のニュートリノは観測されていない．しかし，宇宙空間には，宇宙が誕生してから現在までの超新星爆発によって放出されたニュートリノが漂っていると考えられる．宇宙には約10^{11}個の銀河があり，それぞれの銀河には約10^{11}個の恒星があるので，宇宙には約10^{22}個もの恒星がある．そして，これらのうち質量が太陽質量の8倍以上の星が超新星爆発を起こすと考えられている．したがって，現在では10^{17}回の超新星爆発からのニュートリノが我々の身の回りに蓄積されていると考えられる．このニュートリノは「超新星背景ニュートリノ」と呼ばれており，宇宙の誕生以来の蓄積されてきたニュートリノを観測できるようになれば，超新星爆発を待つことなく，むしろ積極的に，星々がつくられてきた歴史を探ることができる．そして，超新星爆発は，ヘリウムよりも重い重元素が生まれた源であ

るから，超新星背景ニュートリノを観測することは地球や生命の起源，さらには，我々自身を構成している物質の起源をも探ることにも繋がる．

(ii) 検出のための新たな試み〜スーパーカミオカンデガドリニウム (SK-Gd) 計画〜

われわれの身のまわりに漂う超新星背景ニュートリノは，1秒間に1平方センチメートルあたり数十個と見積もられている．これは，太陽から放出されているニュートリノが660億個であるのに比べると，非常に少ないため，検出は容易でない．スーパーカミオカンデでの検出効率を考えると，超新星背景ニュートリノからの信号は，1年間の観測で多くても5個程度という難しさであり，これまでの探索ではバックグラウンドに埋もれてしまっている．そのため，太陽ニュートリノや他のバックグラウンドによる信号と超新星背景ニュートリノによる信号とを見分けるためには，新たな手法が必要である．

超新星爆発では反粒子も含め，すべての種類のニュートリノが生まれるが，そのうちスーパーカミオカンデで最も観測しやすいのは反電子ニュートリノである．改めて復習すると，水がターゲットのスーパーカミオカンデにおいて，最も多い水素原子核の陽子が反電子ニュートリノと反応しやすいからである．反電子ニュートリノは，陽子と反応して陽電子と中性子を発生する．陽電子は水中でチェレンコフ光を発するので，1987年のカミオカンデもこれを観測したわけであるが，他のニュートリノによる信号と区別ができない．

そこで，陽電子だけでなく，中性子による信号も水中で捉えることによって，反電子ニュートリノからの信号を他の現象と区別できないかという取り組みが行われてきた．

それがスーパーカミオカンデガドリニウム（SK-Gd）計画である．

具体的には，中性子による信号を捉えるため，スーパーカミオカンデにガドリニウム（Gd）という物質を加えることにより，スーパーカミオカンデをアップグレードしようという計画である．ガドリニウム自身も宇宙の歴史の中で，超新星爆発を経て生み出された元素の1つであるが，すべての元素の中で一番中性子を捕獲する確率が非常に大きく（特に海外の原子力発電所においては中性子を吸収して核分裂反応を抑制して緊急停止させる装置としても使用される!），かつ捕獲した後に高いエネルギーのγ線を放出する．図3・21のようにこのγ線もチェレンコフ光を発生させるので，結局，反電子ニュートリノが来たときには，もともとの陽電子のつくるチェレンコフ光とあとから出てくるチェレンコフ光と2つのリングが続けて検出されるようになり，他のニュートリノと区別できるようになる．Gdの中性子捕獲能力は，本当にすさまじく，わずか0.1 %の濃度を水に溶かすだけで90 %の効率になる．

　実際には金属のGdは水に溶けないので，硫酸ガドリニウムという

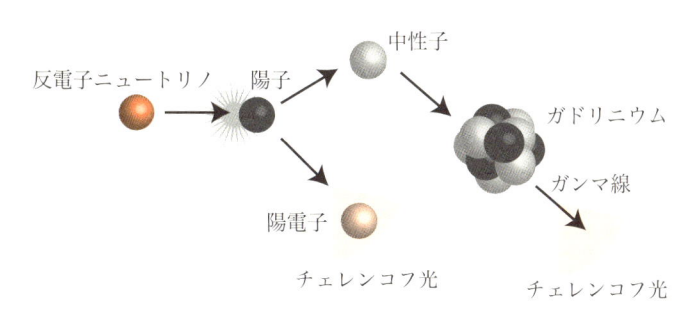

ガドリニウムを加えることで，2個目のチェレンコフ光が出てくるようになる

図3・21　超新星爆発からのニュートリノを検出するための新たな手法

化合物を0.2％溶かすことになる．しかし，0.2％といっても，5万トンの0.2％なので，100トンの硫酸ガドリニウムを溶かさねばならないということである．しかも，3.3で述べた超純水システム（図3・6）では，せっかく溶かした硫酸ガドリニウムもすべて取り除き，元の超純水にしてしまうだけなので，新たな水循環純化システムが必要となる．それに加え，これまで述べたように，太陽・大気・人工ニュートリノを使った精密ニュートリノ観測が常に行われているため，硫酸ガドリニウムを加えても他の観測に影響を与えないことを確認しなければならない．

そのため，神岡鉱山内のスーパーカミオカンデ近くに新たな空洞を掘り，スーパーカミオカンデと全く同じ材料と光電子増倍管を用いてつくった200トンの"ミニカミオカンデ"ともいうべき試験用

手前は水システム，奥のタンクが"ミニカミオカンデ"
ⓒ東京大学宇宙線研究所　神岡宇宙素粒子研究施設（137ページにフルカラーで掲載）

図3・22　硫酸ガドリニウム試験用実験装置

モックアップを用意して実証試験を行ってきた（図3・22参照）．硫酸ガドリニウムを保持して，それ以外の不純物を取り除く水システムの開発も行い，硫酸ガドリニウムを加えても十分よい水の透過率が保証されていることやタンクの構造体を腐食させたりしないことなどを2017年までに確認した．この結果を踏まえ，『SK-Gd計画』はスーパーカミオカンデ共同研究者会議で承認された．

　そして2018年，硫酸ガドリニウムの導入を見据えスーパーカミオカンデの大改修が行われた．タンクを開けるのは2006年以来，まさに12年ぶりの「御開帳」であり，この際に撮影された写真を巻末にまとめた．（巻末138～140ページに挿入）

　この改修では，図3・23のように徐々に水位を下げながら，水面に浮床と呼ばれる作業足場を用意した上で，20年以上運用されて

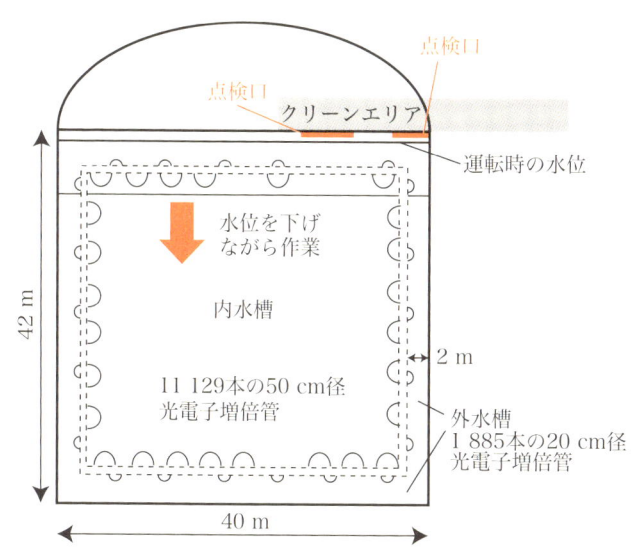

図3・23　スーパーカミオカンデ改修の手順

きたスーパーカミオカンデの水タンクのクリーニング，止水補強や
PMTの交換作業などを行った．この方法は何度も改修工事を行っ
たカミオカンデの時代に小柴博士が始めた手法で，タンク全体に足
場をつくることなどにくらべればはるかに安価に作業ができる方法
である．また，水循環改善のためタンク内配管も一新された．

その後，一旦超純水で満たされたスーパーカミオカンデは2019年
から観測を再開しており，T2K実験とのスケジュールを合わせ，
2020年に硫酸ガドリニウムを導入して，SK-Gdが開始される予定
である．

ⅲ ハイパーカミオカンデ計画
～今後30年を見据えたニュートリノ実験～

SK-Gd計画のその先，スーパーカミオカンデでは成しえない研究
をするための次世代実験としてハイパーカミオカンデ計画がある．
スーパーカミオカンデの10倍規模となる超大型検出器を設置し，
1.3 MWに増強したJ-PARC加速器ニュートリノビームを組み合わ
せるものである．スーパーカミオカンデから南に約8 km（J-PARC
からは同じ295 kmの位置），地下650 mの位置を建設候補地とし，直
径68 m，高さ72 mの水槽を設置する．装置内に蓄えられる超純水
の総質量は26万トン，そのうち観測に用いる有効質量が19万トン
となる．水槽内壁には従来の2倍の感度をもつ高性能光センサーを
約4万本備え，チェレンコフ光を高い精度で計測する（図3·24参照）．

カミオカンデ，スーパーカミオカンデと30年を超える水チェレン
コフ装置による経験で培った実験技術をもとに，さらに大型で高性
能な装置を建設して今後30年ニュートリノ研究の先頭に立つべく計
画されたもので，2027年の観測を目指している．

カミオカンデシリーズの貢献により発展を遂げたニュートリノ研究

の重要性はさらに高まっており，海外でも大型ニュートリノ検出器の計画が進んでいる．中国では原子炉から出てくるニュートリノと2万トンのオイル検出器（液体シンチレーター）を組み合わせたJUNO計画が2021年開始を目指して建設が進められている．アメリカでは加速器ニュートリノを使うことで直接ハイパーカミオカンデのライバルとなるDUNE計画が2026年開始を目指して進められている．これはニュートリノのターゲットとして液体アルゴンを4万トン使用する検出器を新たに開発し，ニュートリノ反応によるすべての粒子の飛跡を記録しようという野心的な計画である．

　最後に，これまでのおさらいを兼ねて，ハイパーカミオカンデで行う素粒子とニュートリノ研究についてまとめたい．ハイパーカミオカンデにより，スーパーカミオカンデの100年分のデータが約10年で得られることになる．そのため，これまで捉えられなかった素

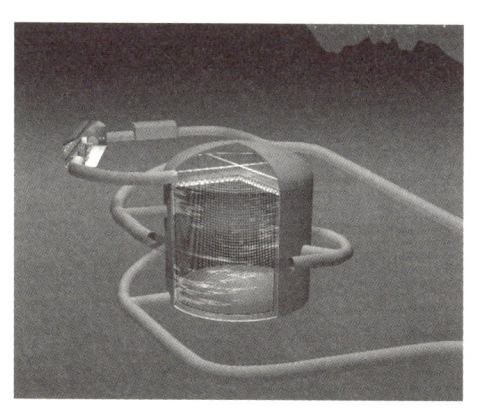

Ⓒハイパーカミオカンデ研究グループ（137ページにフルカラーで掲載）

図3・24　ハイパーカミオカンデ検出器のイメージ図

粒子のまれな現象や，対称性のわずかな破れに迫れるようになる．

(1) CP対称性の破れの測定

　J-PARC加速器ニュートリノと大気・超新星・太陽ニュートリノの精密測定により，3種類のニュートリノの質量（差）とニュートリノ混合・振動の全容解明を行い，ニュートリノの性質の背後にある未知の法則に迫る．スーパーカミオカンデによりニュートリノ振動の全容を解明する道への扉が開かれたが，ハイパーカミオカンデにより第3世代のニュートリノは第1・第2世代のニュートリノよりも軽いのか重いのかという質量の順番（階層性）を明らかにし，既知のニュートリノ振動パラメータの測定精度をより高めることは，「なぜニュートリノは他の素粒子と比べて桁違いに軽いのか？」「素粒子の世代とは何なのか？」といった，標準理論では説明のできない大きな謎にせまる重要な手がかりになると考えられている．

　ビッグバンによって粒子と反粒子が同じ数だけ生まれたと考えられているにもかかわらず「宇宙がなぜ物質で満たされていて反物質がないのか」，という根源的な問題がニュートリノによって解けることが期待されており，その理解の鍵となるニュートリノと反ニュートリノでの振動の違いがあるのかどうかの「CP対称性の破れ」の測定がまず重要な研究課題となる．

(2) 宇宙ニュートリノの観測

　1987年以後，超新星爆発からのニュートリノはまだ観測されていない．銀河内での超新星爆発の頻度は30〜50年に1度という見積もりがあり，銀河系内あるいは近傍の銀河において次の超新星爆発はいつ起こってもおかしくない．スーパーカミオカンデはそのための準備を行っているが，より大きく高性能な検出器によって，カミオカンデが観測した11個を遥かに超える数のニュートリノを捉えるこ

とで，爆発の最中のニュートリノの放出量やエネルギーの細かな時間変化から内部の様子を調べ，星の爆発やブラックホール生成の仕組みを一層明らかにすることが期待されている．また，SK-Gdで観測を目指している超新星背景ニュートリノを精密に測定し，ブラックホール誕生の歴史の解明，星の形成や生命誕生の素ともなった重元素の合成といった宇宙の進化の理解へとつなげることも，これからのニュートリノ実験が取り組むべき重要な課題である．

⑶　陽子崩壊の探索

　カミオカンデとスーパーカミオカンデ建設の最大の目的の1つは，自然界の4つの基本的な力のうち重力を除く3つを統一する理論である大統一理論が予言する陽子の崩壊を発見することであった．もともと宇宙創成の瞬間は，現在知られている強い力，弱い力，電磁気力，重力の4つの力が統一されており，宇宙の進化とともに宇宙の温度が下がり，力が分化していったと考えられている．ハイパーカミオカンデでは，陽子崩壊を探索することにより，直接大統一理論を検証することができる．もし陽子が壊れることになれば，われわれ人類も含む宇宙の万物が寿命をもち，いつかは壊れてしまうことを意味する．

　以上のように，素粒子ニュートリノの研究は，宇宙と素粒子の誕生と進化，そして未来の解明に直結している．
「宇宙の歴史を司る究極の自然法則はどのようなものか」
「我々はどこから来てどこに行くのか」
ニュートリノは，人類にとっての根源的な問いに挑戦する道具として「応用」されている．

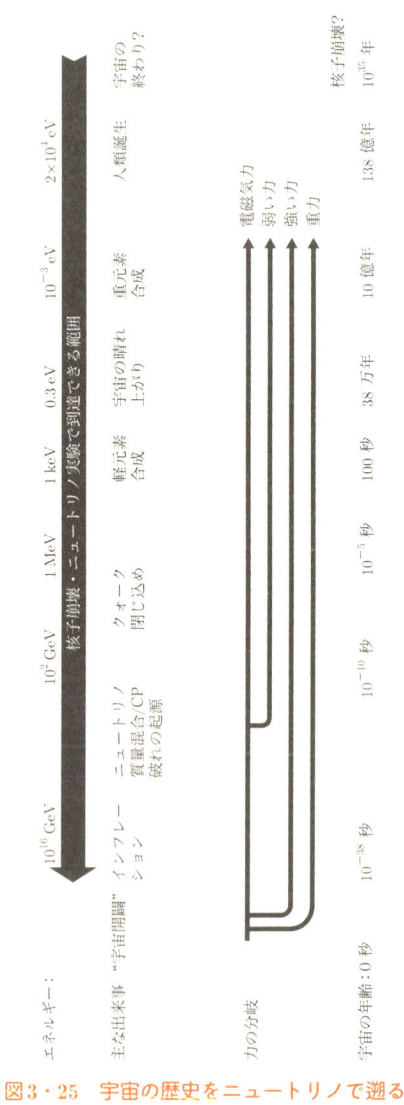

図3・25　宇宙の歴史をニュートリノで遡る

索　引

おわりに

　『スッキリ！がってん！ニュートリノの本』を最後までお読みいただきありがとうございます．ニュートリノについての本はすでに多く出版されていて，特に梶田先生がノーベル賞を受賞した後にもかなり出版されています．そのような中で，あらたにわかりやすいニュートリノの解説の本をスッキリ！がってん！シリーズから出版するというのは実は相当の挑戦でした．ニュートリノをスッキリ説明しようとすると，素粒子物理学の基礎からの解説をしないといけないし，ニュートリノの『応用』というのは相当難しい課題でした．しかし，ニュートリノのゼロから研究の最先端までカバーするようなものは存在していなかったので，その分気合いをいれて取り組みました．著者たちの力量不足でわかりにくい部分や，難しい部分が残ってしまっていることはお詫びいたします．何度も繰り返してくどい部分もありますが，大事なところだと思って大目に見てください．興味をもってこの本を手にしていただいた方へ，多くの研究者がニュートリノの何が面白くて，何を求めているのかが少しでも伝われば，著者の目的は達しています．なかなか，がってん！とはいかなかったかもしれませんが，ニュートリノ自体まだ完全に理解されておらず，研究者もがってん！していないので... 『はじめに』に書いたように，もっと宇宙や素粒子のことを知りたいと思うきっかけになればうれしいです．

　最後になりますが，なかなか筆が進まず，最初の依頼から4年も経ってしまっていたにも関わらず，校正段階のわがままにも根気よくお付き合いいただき，多大なご支援をいただいた電気書院の近藤知之さんに感謝申し上げます．

2019年11月　著者記す

フルカラー図版集

本文図版カラー写真（一部掲載）

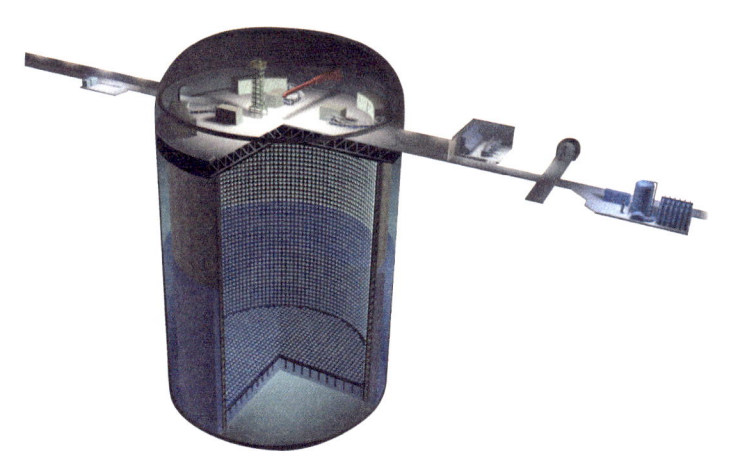

©東京大学宇宙線研究所　神岡宇宙素粒子研究施設
図3・1　(a)　スーパーカミオカンデ検出器

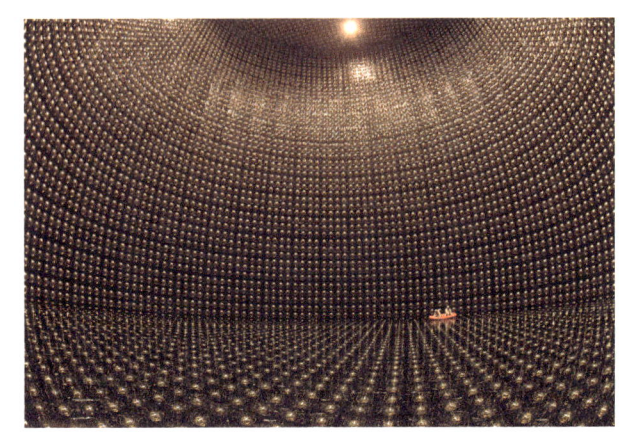

図3・2　スーパーカミオカンデの内部

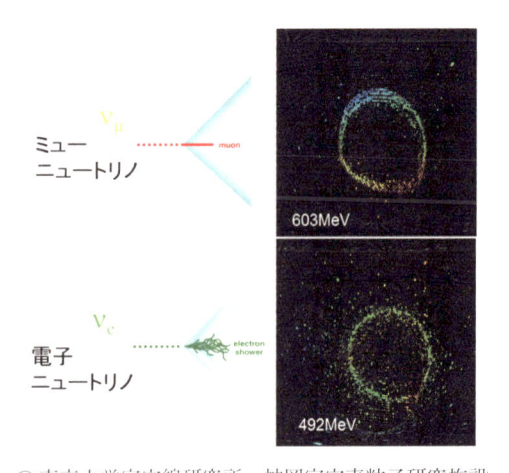

図3・5　スーパーカミオカンデでの電子ニュートリノとミューニュートリノの「見え方」

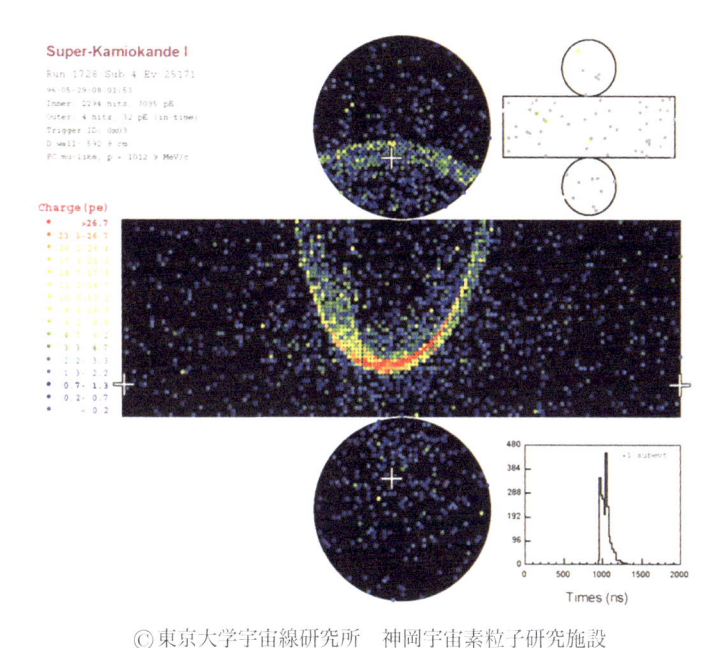

図3・9　スーパーカミオカンデのイベントディスプレー〜円筒形を展開図で
表現する〜

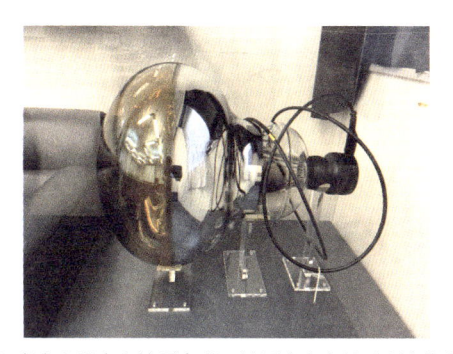

図3・10　(b)スーパーカミオカンデの光電子増倍管

133

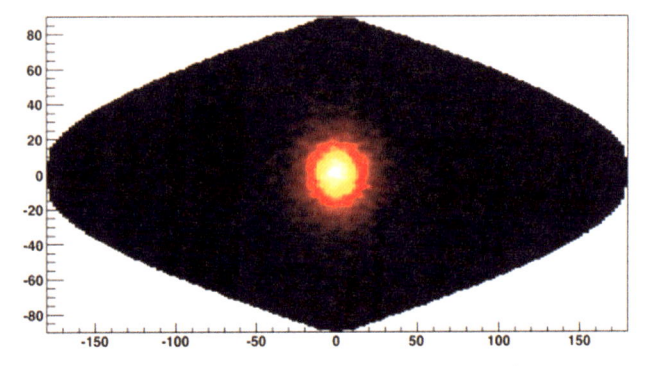

図3・11　ニュートリノで見た太陽

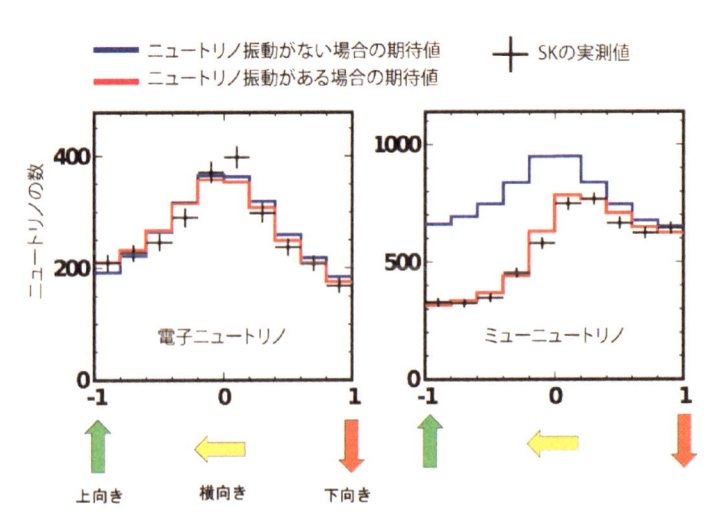

── ニュートリノ振動がない場合の期待値　　╋ SKの実測値
── ニュートリノ振動がある場合の期待値

ニュートリノの数

400 / 200 / 0

電子ニュートリノ

-1　0　1

1000 / 500 / 0

ミューニュートリノ

-1　0　1

上向き　　横向き　　下向き

図3・15　大気ニュートリノの到来方向分布

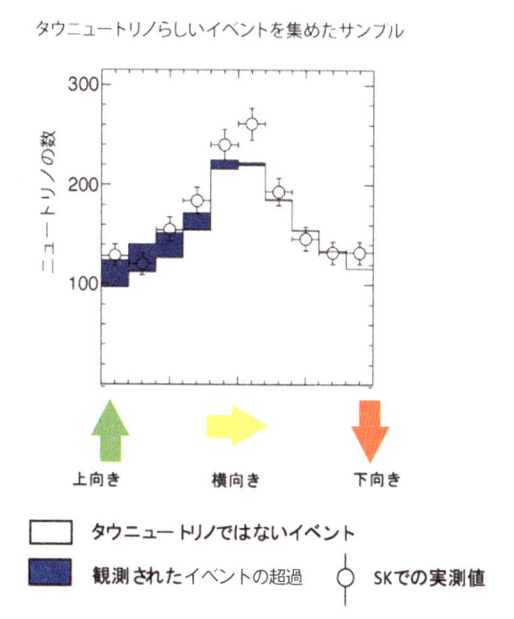

タウニュートリノらしいイベントを集めたサンプル

上向き　　横向き　　下向き

□　タウニュートリノではないイベント

■　観測されたイベントの超過　　○　SKでの実測値

©東京大学宇宙線研究所　神岡宇宙素粒子研究施設

図3・16　タウニュートリノらしい大気ニュートリノの到来方向分布

135

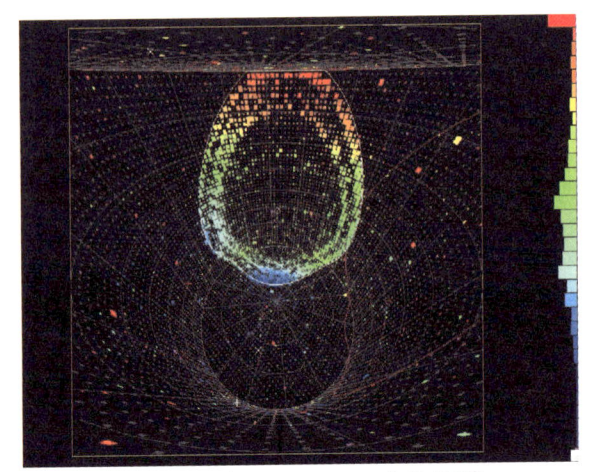

(a)　そのままのミューニュートリノ事象

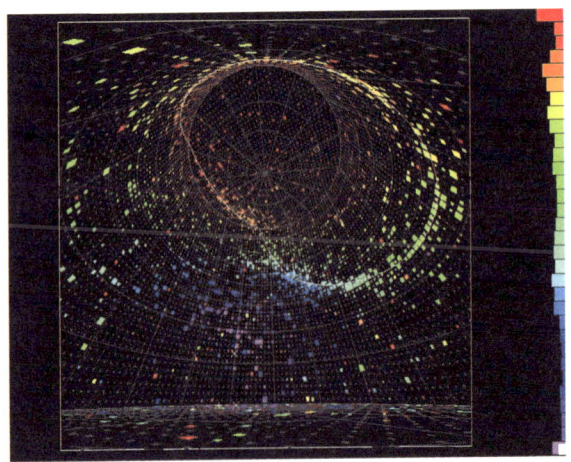

(b)　電子ニュートリノに変化した事象

© 東京大学宇宙線研究所　神岡宇宙素粒子研究施設

**図3・18　スーパーカミオカンデで検出されたJ-PARCからのミューニュート
リノ〈図[a]〉と神岡に来るまでに変化した電子ニュートリノ〈図[b]〉**

© 東京大学宇宙線研究所　神岡宇宙素粒子研究施設

図3・22　硫酸ガドリニウム試験用実験装置

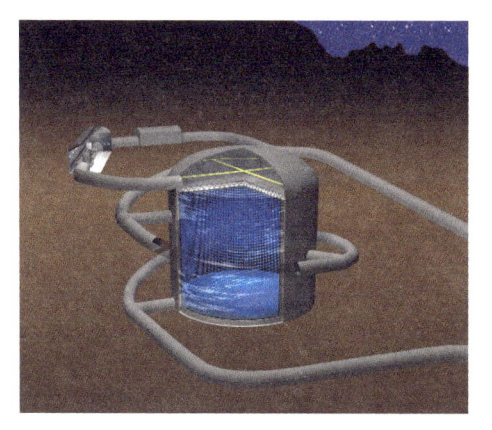

© ハイパーカミオカンデ研究グループ

図3・24　ハイパーカミオカンデ検出器のイメージ図

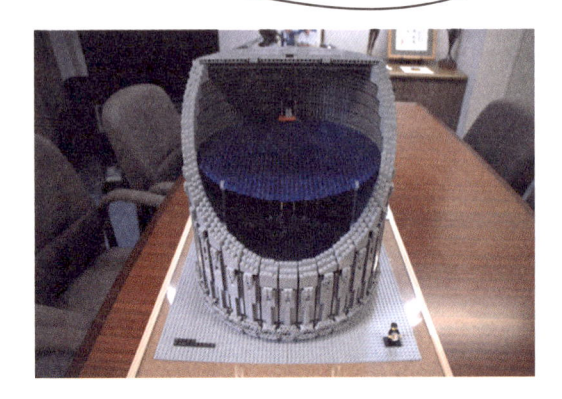

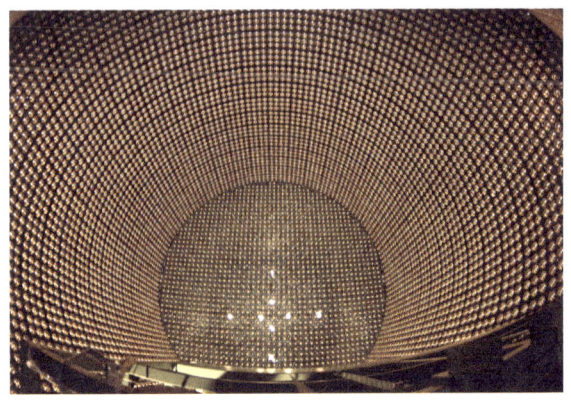

© 東京大学宇宙線研究所　神岡宇宙素粒子研究施設

©東京大学宇宙線研究所　神岡宇宙素粒子研究施設

©東京大学宇宙線研究所　神岡宇宙素粒子研究施設

©東京大学宇宙線研究所　神岡宇宙素粒子研究施設

©東京大学宇宙線研究所　神岡宇宙素粒子研究施設

©東京大学宇宙線研究所　神岡宇宙素粒子研究施設

~~~~~ 著 者 略 歴 ~~~~~

遠藤　友樹（えんどう　ともき）

2001年　早稲田大学理工学部物理学科　卒業
2006年　京都大学大学院理学研究科物理学・宇宙物理学専攻　博士後期課程修了
　　　　博士（理学）
現在　　大阪産業大学　全学教育機構　准教授
専門　　原子核理論

関谷　洋之（せきや　ひろゆき）

1999年　東京大学理学部物理学科卒業
2004年　東京大学理学系研究科物理学専攻　博士課程修了
　　　　博士（理学）
現在　　東京大学宇宙線研究所　准教授
　　　　東京大学国際高等研究所カブリ数物連携宇宙研究機構科学研究員　兼務
　　　　東京大学次世代ニュートリノ科学連携研究機構　准教授　兼務
専門　　宇宙素粒子実験

© Tomoki Endo，Hiroyuki Sekiya 2019

スッキリ！がってん！　ニュートリノの本

2019年11月28日　　第1版第1刷発行

著　者	遠 えん	藤 どう	友 とも	樹 き
	関 せき	谷 や	洋 ひろ	之 ゆき
発 行 者	田	中	久	喜

発 行 所
株式会社　電 気 書 院
ホームページ　www.denkishoin.co.jp
（振替口座　00190-5-18837）
〒101-0051　東京都千代田区神田神保町1-3 ミヤタビル2F
電話（03）5259-9160／FAX（03）5259-9162

印刷　中央精版印刷株式会社
Printed in Japan／ISBN978-4-485-60035-1

• 落丁・乱丁の際は，送料弊社負担にてお取り替えいたします．